U0518533

Staread
星 文 文 化

今日こそ自分を甘やかす

今天 也要对自己 好一点

〔日〕根本裕幸 著

吕艳 译

四川人民出版社

图书在版编目（CIP）数据

今天也要对自己好一点 /（日）根本裕幸著；吕艳
译 . -- 成都：四川人民出版社，2022.11
ISBN 978-7-220-12810-3

Ⅰ.①今… Ⅱ.①根… ②吕… Ⅲ.①心理学—通俗
读物 Ⅳ.① B84-49

中国版本图书馆 CIP 数据核字 (2022) 第 172718 号

四川省版权局著作权合同登记号：21-2022-343

JINTIAN YE YAO DUI ZIJI HAOYIDIAN
今天也要对自己好一点
[日] 根本裕幸 著　　吕艳 译

出　版　人	黄立新
出　品　人	柯　伟
监　　　制	郭　健
责任编辑	李京京
特约编辑	赵　莉
封面设计	水　沐
版式设计	李琳璐
责任校对	申婷婷
责任印制	周　奇

出版发行	四川人民出版社（成都三色路 238 号）
网　　址	http://www.scpph.com
E-mail	scrmcbs@sina.com
新浪微博	@ 四川人民出版社
微信公众号	四川人民出版社
发行部业务电话	（028）86361653　86361656
防盗版举报电话	（028）86361653
照　　排	天津星文文化传播有限公司
印　　刷	北京盛通印刷股份有限公司
成品尺寸	140mm × 200mm
印　　张	7
字　　数	108 千
版　　次	2022 年 11 月第 1 版
印　　次	2022 年 11 月第 1 次印刷
书　　号	ISBN 978-7-220-12810-3
定　　价	42.00 元

前　言

在从事心理辅导工作和举办研讨会期间，我遇到的都是社会活动井然有序、日常生活充实的人，然而，他们总是会说："生活太难了，我感觉不到幸福。"

一般来说，每个人的工作、人际关系、家庭等方面都有可能会出现一些问题，当然，具体情况因人而异。但是，在经过详细了解后，我发现了问题的症结所在。

那便是——"我们总是对自己过于严格"。有些人为人善良、待人宽容，但面对自己时，却会化身冷面魔鬼教官，严苛以待。

即便已经付出了足够多的努力，自己也不会认可自己；明明拥有很大的魅力和价值，自己也不会承认这一点，更不会接受。

虽然深受别人信任，但我们似乎并没有感觉到，反而认为"现在的我还是做得不够好""我还需要更加努力""我必须做得更好"，总在无形中不断给自己施加很多压力。

你是否有过"很多事情看似理所当然，但我却无能为力"的想法？你是否会责备自己："其他人能够轻易做到的事情，为什么我就不行？"或者在未收到他人任何评价的情况下，就不断鞭策自己："做人，永远不要满足现状，只有不断进取才会让自己做到更好。"

如果你符合上述说法，那你完全可以将自己定位为盲目追求理想、否定当下自我的理想主义者。同时，你有可能还是认为一切都必须正确完成的完美主义者，或者是一直试图满足他人期望、希望他人对自己加以赏识的优等生……你的行为模式和思维方式是否隐藏着这样的倾向？

或者说，你是否常将"不要紧！"挂在嘴边，并且常常一个人埋头奋进？你是否被他人（社会）的目光所束缚并且因此而压抑自己的情绪？你是否对自己的能力产生怀疑并因此而过度低估自己，甚至丧失信心？

本书将介绍对自己要求过于严格的人好好爱自己、以自己的方式获得安乐与幸福的方法。事实上，在回看手稿时，有很多地方都让我感同身受，就像是在跟过去令人心酸的自己对话。

不可否认，我本身就是一个对自己要求过于严格的人。

但我以为那样的我已经是过去式，然而这本书中的内容还是深深击中了现在的我。

不安于现状、不断给自己制订更高的目标、寻求突破舒适圈、努力追求完美，这些行为看起来似乎没有任何不妥，但这恰恰也是我一味"否定当下自我"的表现。

即使我已经通过自己的努力取得了一定的成绩，我也丝毫不会感到满足，反而会与更成功的人进行比较，以此否定自己。我甚至还会盲目设定目标，并且因为无法成为理想中的自己而自暴自弃。

即使有人给予我积极且正面的评价，我也完全不会接受，甚至还会鞭策自己："其实你做的还远远不够，千万不能疏忽大意。"

虽然说在很长时间以后，我才深刻地感觉到，正是曾经的努力铸就了现在的自己。但现在想想，当时的我真的给自己施加了过大的压力，用"倔强""固执"来形容一点都不为过。

十多年前，对自己要求过于严格的我，因为工作筋疲力尽，却感觉前途渺茫。那时，我迎来了我的人生转折点。

当时的我志愿成为一名优秀的心理咨询师，我也因此选择了自己喜欢的工作，但工作一段时间后，我却失去了目标和动力。

在我迷茫的时候，家庭和经济问题一起爆发，我深感自己必须做点什么。为此，我的人生迎来了又一次转变，就此进入一个新的阶段。

我曾认为自己在某种程度上算得上是一个自信的人，直到那时，我才意识到我的自我肯定感实际上低得惊人。

我当时的生活与工作和我在本书后续章节中所提出的"自己独有的幸福的生活方式"这一毕生事业相去甚远。曾经的我崇尚理想主义和完美主义，同时，也是一个十分在意他人眼光的"优等生"。

为了放过自己，我尝试关爱自己，学着"偷懒"，让自己变成一个"懒惰"的人。

也许是我的行动见了成效，最近，同事和客户都逐渐转变了对我的看法，说我是一个"总喜欢把'没有办法'挂在嘴边的思想作风涣散的人"。

现在的我已经能自然地生活，优先考虑自己的感受，适时依靠他人的力量。

另一方面，我也可以做到张弛有度、有快有慢，能够在该努力时尽力而为，也能够在过于疲劳时适度放松。

这本书是我结合自己的人生经历及客户咨询总结的人生之道，也算是我作为心理咨询师面向客户和研讨会参会者做出的发言总结。

可以说，有了这本书，你将完全不必再进行任何心理咨询（这句话从我的口中说出，感觉就像是在自断前程）。

在这本书中，我将列举对自己过于严格的具体案例，并从心理学角度做出原因分析。

在此基础之上，我还将具体介绍如何放宽自我标准，告诉大家如何最大限度地善待自己、关爱自己。

此外，针对每项主题，我都会提出一个非常简单的问题或建议。如果能端正态度逐个解答或实施，那么读完这本书后，相信你也会意识到自己的变化。

能够读到这里并且对内容产生共鸣的人，可能与我和我的客户所面临的问题十分相似。我希望这本书能够给各位读者带来收获，让大家学会关爱自己，轻松、舒适地度过今后的人生。

2021 年 11 月

根本裕幸

CONTENTS
目录

 第一章
你是严于律己的人还是宽以待己的人？

第三章
人生路上，学会善待自己 079

第四章
爱自己是通往幸福的最佳路径 147

第一章

你是严于律己的人
还是宽以待己的人？

你是否已经成为"苦行僧"般
严于律己的人？

当我在研讨会上问道："谁可以做到严于律己？"大约有 30%~40% 的参会者举手。

当我问道："在生活中，有谁可以宽以待己？"有 20%~30% 的人举起了手。而且，不知为何，这些自认为宽以待己的人似乎都有点想要回避的意思。

简单互动过后，我又继续说道："谢谢大家的配合。在我看来，最先举手的人是对自己要求过于严苛的人，在第二个问题后举手的人，是对自己要求相当严苛的人，而不举手的人是因为对自己要求太严苛了，所以，不知道自己究竟属于

哪一种类型！"（此处伴有笑声）

最后，我总结道："看来在座的每一位，都是严格要求自己的人。"

你可能会想："既然如此，干吗还要问呢？提问的意义何在？"其实，我之所以提出这样的问题，就是想让在座的各位认识到，在你的自我观念中，自己究竟是"严于律己"还是"宽以待己"，还是不确定自己属于哪一种类型。

日本人普遍对自己要求过于严苛，即使是在研讨会上，我也时常可以感受到这一点。

> 有很多人都生活在"严谨""踏实""认真""好人""优等生""完美主义"的光环之下，还有很多人崇尚理想主义，甚至会因为自己达不到所谓的理想状态而陷入自我厌恶之中。

毕竟，从国民性的角度来看，日本人普遍具有强烈的自我厌恶感；即便在世界范围内，日本人的自我肯定感也处于极低的水平。

我有时还会在研讨会上提出不同的问题，如询问在座的人中有多少人会说英语。在东京举办的一场研讨会中，大约20%~30%的参会者在我提出以上问题后举起了手。逐个交流后，我得知，他们有的是从小在国外长大的归国子女，有的是外企员工，有的有留学经验……可以说举手的每个人都有精彩的人生经历和令人惊叹的优秀技能。

不久前，我偶然看到电视上播放的一段采访泰国年轻人的视频。

视频里出现的第一个场景是泰国街头，一位日本电视导演在年轻人的簇拥下问道："有没有人会说日语？"

此时，镜头切换，一位翻译将导演的问题译成泰语后，大家纷纷举手："我会说日语！"

看到这里，你也许会疑惑，如果真的会说日语，他们应该在导演提问过后就立即举手，为什么还要等翻译转述呢？

先别急，我们继续往下看。

后来，导演向其中一个年轻人说道："那你来说几句日语。"这时，只见对方毫不犹豫，得意扬扬地大声说道："sushi（寿司）！fujiyama（富士山）！tempura（天妇罗）！"周围的年轻人随即感叹道："不错，不错，果然很厉害！"对其赞不绝口。

　　这个例子可能有些极端，但我认为这是鼓励严于律己的人摆脱自身框架束缚的一个很好的暗示。

　　严于律己的人往往会陷入下面的思维模式，仔细阅读下面的内容后，你会发现这些内容更像是现实生活中我们对自己的美好憧憬——因为这些条件过于严苛，所以往往难以实现。

　　① 如果想要底气十足地告诉别人"我会说英语"，就必须在日常对话中做到无障碍交流，托业考试（TOEIC）达到800分左右，并且能够熟练运用商务英语。

　　② 如果想要告诉别人"我擅长烹饪"，就必须要达到米其林一星左右的水准。

　　③ 如果想要自信地告诉别人"我的工作能力很强"，就必须连续三次获得社长奖。

　　这些标准足以证明，我们总是对自己过于严格，更准确地说，是给自己制定了严格的标准。在上面我所列举的泰国的例子中，能说 sushi（寿司）、fujiyama（富士山）、tempura（天妇罗），就算是会说日语，如果以此为标准，你又会说哪些国家的语言呢？

实际上，英语在当今社会已经是一种人们经常会接触到的语言。依据会说几个词就堪称掌握一门语言的标准，除了英语，你可能还掌握法语、德语、意大利语、西班牙语、汉语和韩语等主要国家的语言。

事实上，这已经很好了。

然而，我们总是对自己过于严格，而我们身边的人也都对自己十分严格。所以，我们很难认识到这一点。

更重要的是，如果我们稍微偷懒或表现得气馁、消沉，便会有人说："你对自己太宽容了！"

这样就导致我们像是严守纪律的军人，又像是试图通过严格的修行以求思想开悟的"苦行僧"。

当然，如果你有强烈的"开悟"欲望，也可以将自己困于山中，或者任由瀑布的湍急水流无情拍打自己的身体，或者通过种种方式严格要求自己。

但如果你没有要"开悟"的意思，只是单纯地想获得幸福，那么，你所设定的"标准"其实就是扼杀自己的武器。

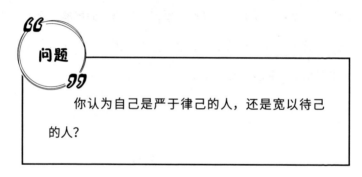

问题

你认为自己是严于律己的人，还是宽以待己的人？

有时我们并非不幸福，
只是以为自己不幸福

　　通过网络、期刊等新闻媒体，你可能已经了解到，在各种调查中，日本人的幸福感普遍不高。

　　长期生活在日本的外国人及曾经在国外生活过的日本人，常常会问："为何日本人总觉得生活不幸福？"

　　在日本，民众可以饮用安全卫生的自来水，每个人都有工作可以做，街道上有很多出售美食的商店，在便利店可以马上购买到自己想要的物品，人们普遍温和冷静，几乎没有暴动，教育资源均衡，大家可以居住在安全的住宅当中，很多地方即便晚上独自出行也都十分安全。

当然，如今贫困已经成为社会问题，有些地区贫富差距正在拉大，但即使在良好的生态环境和民生保障下，能够自信说出"我很幸福！"的人也不多。

我经常在心理辅导现场听到这样的声音："总的来说，我还是很幸福的""我确定我很幸福""我很庆幸自己能够生活在这么好的环境当中，我必须要幸福"。

通常情况下，我会向持有上述主张的人反问："这么想，说明你并没有真正感觉到幸福吧？"从对自己过于严格的角度来看，我的这一观点显然不是没有道理。

和能流利说一口英语才能标榜自己会说英语相同，我们对幸福与否的判断也有非常严格的标准。这种心理的背后，往往是我在后续内容中将做出阐述的"社会眼光"和"理想主义"在作祟。

"如果我说我很幸福并因此而遭到周围人的嫉妒该怎么办？如果别人继续逼问我'你真的开心吗？'怎么办？这样

想来，我还是不要认为自己很幸福比较好。"

"因为只有同时满足家庭和睦、工作出色、经济宽裕、居住在舒适的房子里、有很多朋友等诸多条件，才能够算得上幸福，如此看来，我现在并不是很幸福。"

如果你在不知不觉中为"幸福"设定了高标准，自然也就无法体会到幸福的感觉。

问题

最近有没有哪一个情景可以让你真切地感受到幸福，还是你会吞吞吐吐地说："我相信大家一定都觉得我很幸福，但是……"

被"标准"和"潜规则"所束缚?

对自己要求过于严格的人,通常会以各种方式为自己制定"严格的标准",另外,他们还经常被社会的"潜规则"和礼仪所支配。

但真正的问题在于,他们并不知道自己给自己制定了过于严格的标准。在心理辅导中,我会向客户提出各种各样的问题,让他们更加了解自己的内心。但在很多情况下,他们会把下意识中为自己制定的标准视为理所当然。

下面，我将介绍自己与某个客户的互动过程。

曾经有一位 30 多岁的客户，因夫妻关系问题接受我的心理辅导。其间，我说道："如果想彰显自己性感优雅的女人味，不如尝试穿一些您结婚前喜欢的超短裙吧！"

不过，在听到我的建议后，她却犹豫地说道："我这个年纪穿超短裙，是不是有点……"

她似乎已经在不知不觉中为自己设定了"30 多岁的已婚女性不能穿超短裙"的标准。"不喜欢了""没有兴趣"这样的理由暂且不论，"30 多岁"和"已婚"真的是她不穿超短裙的真正原因吗？

我想她应该是在不知不觉中开始在意他人的目光和评价，所以才会不由自主地小心翼翼，并且强迫自己与他人统一步调。

我定居在大阪，当地有一条潜规则，即只要有人"装傻"，就一定会被吐槽。我是因为上大学才来的大阪，所以，起初有一段时间我无论如何都无法适应这个所谓的"规则"。

我那些每天走读上学的当地朋友也都会因为我的不适应而吐槽道："别'装傻'了，入乡随俗吧。"其实大阪人之间的对话真的很有趣，作为旁听者的我总是在笑，可一旦加入，总是感觉压力很大。

没过多久，我就产生了这样的想法："我不会开玩笑，即使对方有意'装傻'，我也无法立即做出反应，我是个很无聊的人……"

之后，我又遇到了各种各样的人，我发现很多不是关西人的同学也有同样的感受，就连当地的朋友也说："这种所谓的地方潜规则，或多或少地令自己产生了一些自卑情结……"

装傻和吐槽的目的是活跃气氛，让人们感受到快乐，但是，当自己被迫将它作为潜规则并且因此而束缚内心时，经常会感觉到十分不适。

我们自身和外部环境都有太多的标准和潜规则，你也可以尝试留意自己平时随口说出的话。例如，"这种情况下做××不是很正常吗？""做××不是理所当然的吗？""这不是常识吗？"

我们时常挂在嘴边的这些话，其实有许多都是我们强加给自己的。如果你现在每天都感到闭塞或不适，那么很有可能是各种标准和潜规则"绑架"了你。
我希望你首先能够注意到这些无形的框架，然后再逐
步加以改进。

练习

　　从起床到睡觉，请有意识地在日常生活中寻找
自己在不知不觉中为自己制定的标准和受到影响的
潜规则。

不要活在他人的"眼光"里

日本人真的很在意他人的眼光，换句话说，就是太爱面子。

我在上一节中提到的那位客户说："我都30多岁了，不愿意再穿超短裙了。"但实际上她并非不喜欢超短裙，而是在意周遭如何看待身着超短裙的自己，并且因此对穿超短裙这件事产生了抵触情绪。

最近，我对这样一位客户进行过心理辅导，她的父母告诉她："你这么大年纪还不结婚，这让我们感觉很尴尬。每次邻居或者朋友问道，'××还没有结婚吗'，我们都感觉十分难堪。"

我的这位客户平时一直埋头于自己的工作和爱好，不知不觉中，就已经过了适婚年龄。她以为妈妈一直都很支持自己，但那番话让她觉得，原来妈妈也很在乎自己的面子。她认为自己给家庭带来了很多麻烦并为此深受打击。

> 在意他人的眼光，在乎自己的面子，换句话说，
> 就是我们对"社会眼光"心存恐惧，它也会在我们心
> 中制造出"羞耻"的概念。

当我们开始以社会眼光作为行动标准时，通常会很在乎别人怎么看待自己，做任何事都会担心自己是否会被别人否定。

"这样做可以吗？会不会被人嘲笑？""如果我失败了，会不会被人看不起？""我是这么想的，但这也许会引起公愤……"一旦开始这样想，你就会因此而限制或者非常密切地监控自己的言行。

由此，你将丝毫感觉不到自由，也感知不到幸福。

如果我们总是以社会眼光为标准，便会将"安全""正常""无害"作为自己的行动准则。

此外，在意社会眼光的行为还将给自己积蓄很多压力。你认为压力的出口在哪里？

事实上，我们会逐渐希望他人和自己一样，采取同样的行动。例如，"我为人规规矩矩，处处考虑他人感受，所以，你也应该这样做"。

我们甚至还会攻击那些偏离自己标准的人，而这就是所谓的"公愤"。我们经常可以听到"同侪压力"这个说法。例如，"每个人都很有耐心，所以，你也应该耐心忍受"。

你知道吗？其实这也是潜规则之一，但创造它的并不是我们自己，而是社会眼光。

为避免他人否定自己，你平时会注意些什么？

这是否会限制你追求自己想要的生活方式？

不再支持"挑战梦想的自己"

如果总是很在意社会眼光，会导致我们采取更关注外界评价而不是自身想法的"他人轴"（以他人的价值观为标准）的生活方式。

即使我们有想做的事情，只要想到这样做有可能遭受他人的批评，我们往往就会选择放弃。

即使我们有意迎难而上，只要想到一旦失败便会遭到批评甚至嘲笑，我们就会克制自己想要挑战的欲望。

　　我有一位客户，他在自己 25 至 30 岁之间，为了实现自己的梦想开始挑战国家职称考试，因为他在学生时代就立志考取职称，只是因为当时缺乏信心，并且每天忙于兼职和玩乐，才一度选择放弃。

　　然而，随着自己成为社会一员并投身工作，他又重新萌生出了实现梦想的想法。

　　当他和周围的人商量这件事时，没想到竟然接收到了诸多反对意见。例如，"你好不容易在这家不错的公司找到了工作，竟然还要辞职去考试？万一考不上又丢了工作，该怎么办？""从现在开始准备，起码要好几年才能考取职称吧？在此期间，你要怎么生活？你能拿到这么高的薪水不容易，现在放弃岂不是浪费？""这个年纪参加职称考试，听起来好像很了不起，但你不觉得自己年纪有点大了吗？我认为你继续做现在的工作更幸福。"

　　这其中也有来自他父母的声音。

　　此外，他当时所在公司的老板和同事似乎也不看好他这么做，给出的意见多以负面为主。

　　一些前辈告诉他："我本来很看好你，但很遗憾，你做了另一种选择。"

其实，也有很多人曾给予他支持，但因为反对意见居多，他差点因此而妥协。

但是，他无论如何都不想放弃梦想，终于还是决定挑战自己，并且在几年后顺利通过了考试。

当时，几乎所有曾经给予他否定意见的人都一反常态地为他感到高兴，这再次让他感到心情复杂。

他突破了社会眼光，挑战成功，但还是笑着说道："如果我失败了，不知道要遭到怎样的嘲笑，也不知道会有多少恶言冷语等待着我，比起考试，这些更让我感受到压力。"可以说，他的这种心态实际上也是一种"社会眼光"。

社会眼光会产生同侪压力，让人试图压制自己的挑战欲望和冒险精神。

我的这位客户成功突破了社会眼光，但现实中，很多人都在不知不觉中屈服于社会眼光的压力，渐渐放弃了自己的梦想。

他们在放弃梦想的同时，也会对那些坚持追求梦想并试图发起挑战的人产生"嫉妒"之情。

嫉妒属于内心消极的情绪体验，如果可能，任何人应该都不想感受这种情绪。为避免产生嫉妒之情，我们可以说服他人放弃挑战。比如，"我放弃了梦想，你也应该放弃"。

这就是我那位试图挑战职称考试的客户所接收到的各种负面意见的真实性质——在乎社会眼光、被潜规则束缚而放弃挑战梦想的人，往往都会成为不支持他人实现理想的"梦想杀手"。你不觉得这是一件悲哀的事吗？

你是否会支持向梦想发起挑战的人，还是会选择否认、藐视或者无视？

问题

你因为太在意社会眼光而放弃挑战的事情是什

么？或者，你以前有没有这样的经历？

在不知不觉中将自己抛之脑后

在前面的章节中，我曾提到过"他人轴"这一说法，所以，我在这里对其做出简单的阐释。

将他人优先于自己的行为被称为"他人轴"，反之则是"自我轴"。

当以"他人轴"为自己的主要生活标准时，人们通常会有以下想法或行动。

① 当自己想要尝试做某事时，会十分在乎他人的看法。

② 采取行动时，会有意避免有可能让他人讨厌或看不起的行为。

③ 相比自己的心情，凡事总优先在意他人的心情。

④ 总是不想辜负他人对自己的期望。

⑤ 为了维护自己在他人眼中的"好人"形象，做自己不想做的事。（牺牲）

⑥ 相比于自己的想法，总是优先考虑他人的想法。

⑦ 为了不被孤立，会违背自己的内心，配合身边的人行事。

⑧ 说话总在以"某人"做主语，而不是"我"。

换句话说，这些都是"自己＜他人"的生活方式。

采取这种生活方式的人，会不知不觉地在生活中优先考虑他人的感受，而不是自己的。这里所说的"他人"不仅是人，也有可能是"公司""金钱"和"工作"等。

以"他人轴"为主要生活方式，自己的感受和想法就会被抛之脑后，这样会导致我们依赖于周围的环境，逐渐无法独立行动。所以，我们的压力会很大，也特别容易疲惫。

当"他人轴"这一生活方式已经成为习惯，我们就会忘记自己的感受和想法，出现"我不知道自己的感受是什么""我不知道我想做什么"等情况。

我们所坚持的许多人生的高标准都是从"他人轴"中诞生的，而社会眼光和潜规则本身也是"他人轴"。采取"他人轴"这一生活方式的人，正是因为颠倒了优先顺序，所以才会感到疲惫。

因此，我建议大家将自己的生活方式转变为"自我轴"。"自我轴"并不意味着"无视他人的意见，以自我为中心"，而是将意识聚焦于"自我"。

人首先应该关注、认识、接纳自己的感受，之后再考虑他人的感受。也就是说，我们要在自身想法和价值观的基础上，适当听取他人的意见。

若能做到这一点，我们将能在自己和他人之间划清界限。比如，"尽管那个人这样说，但我却觉得那样做是对的"。

问题

你能马上说出自己现在最想做的一件事吗?

被观念（信念）支配的我们

　　存在于人类潜意识里的各种严格标准和规则，在心理学上被称为"观念"（信念）。我有时也会称其为"自我规则"或"臆想"。

　　我们的潜意识里至少有成千上万个"观念"，虽然其中有好的部分，但仍然有很多观念会束缚我们，禁锢甚至剥夺我们的自由。

　　许多观念都来自"心灵创伤"，正因为自己感受到了痛苦，所以我们才会穿上名为"观念"的盔甲，避免自己再次受到伤害。

遭遇背叛并因此而深陷痛苦的人，通常都会在心中默默发誓"不再相信别人"；因失败而被人嘲笑并为此感到难堪的人，会想"我必须确保自己不再失败"；因被否定学历而受到伤害的人，会给自己立下"毕竟这个世界看的是学历，学历低的自己将无法得到认可"的规则；因别人说自己"你岁数已经不小了"而备受打击的人，会认为"只有年轻才具备无限可能"。

此外，观念的产生并不局限于我们自己的经历，也可能是直接借鉴了其他人的言语或行为。

有的人从小就抱有"父母一直在为钱辛苦付出，有钱就幸福"的观念，成年后，他们往往会拥有和父母一样的价值观（受父母经验影响而形成的观念，并非亲身经历）。

有一位客户曾对我说道："我的妈妈和爸爸相处得不好，她经常向我抱怨，并且告诉我'你必须嫁给一个更好的人'。"因为被自己母亲的话所束缚，我的这位客户至今仍然单身，无法用积极的心态寻找结婚伴侣。

每个人的观念不一，一个人被伤得越深就越会感觉痛苦，由此形成的观念也就越强烈，其行动和思想受到的制约也就越多。

换句话说，观念越多、越强烈，我们所拥有的自由就越少。

内心有一种观念，就会被这种观念所束缚，"必须这样做""不应该这样做""不能那样做"等严厉的话语也会说出口。我们身边的人，乃至我们自己也许就是这样的人。

"我是一个家庭主妇，每天都要做一日三餐。老实说，我并不擅长做饭。尽管如此，我还是认为'我必须做很多种菜品''我必须手工烹饪，而不是选择冷冻食品'，直到现在我才发现，我竟然对自己如此严苛。"（M.C）

持有的观念越多，我们离幸福就越远。

这就像是用严格的规则来约束自己的一言一行，长此以往，我们的内心将不堪重负。

最可怕的是，我们的观念中有许多都是潜在意识，我们甚至根本意识不到这些观念的存在。

通过聆听不同客户的故事并对他们进行心理辅导，我才真正弄清楚了这一点。

我经常在心理辅导中向来访者提问："你是不是经常跟别人说'必须做什么、不能做什么、应该怎么做'？"

很多人听到我的问题后都会瞪大眼睛说道："啊？我说了吗？"

你是不是也会这样呢？

练习

　　尝试针对某事物梳理你认为"应该××""不应该××""必须××""不能××"或"××是××"等的想法，这将直接导致观念的形成。

不能辜负他人对自己的期望

所谓优等生，是指认真聆听老师和周围人的教导并采取符合他人期望的生活方式的人。

优等生通常会将"不打扰父母和老师、不给他人添麻烦、不用他人照顾、不让他人生气"作为自己的行为准则。对于老师和家长等成年人来说，优等生很容易照顾，老师和家长也非常希望孩子善解人意、懂事听话。但对于学生本人而言，要想做优等生，几乎只能在"他人轴"的状态下让"他人优先于自己"。

优等生较高的目标定位和角色定位，使孩子总是尽己所能地满足周围人的期望。在采取行动时，想成为优等生的孩子，脑子里想的通常也是"我怎么才能不打扰大人？""我会惹他们生气吗？"等问题，所以，他们很容易在不知不觉中迷失自我。

要跨入优等生的行列，人们就必须压抑自己的情感，一直处于思考的状态。这样的话，人就很容易感到疲惫。

但是，想到如果露出疲惫的表情，就会打扰到别人，优等生就会竭尽所能，努力以笑脸示人，让人心疼。

> 优等生的内心总是存在矛盾，即使试图压抑，心中的负面情绪也依然存在，他们也会生气、孤独、懒惰或者想通过撒娇来得到关爱。

然而，因为无法表达，优等生经常会感到痛苦，就像自己体内有一个严肃认真、严格苛刻的"魔鬼教官"。

如果懒惰，自己的内心便会"挨打"；如果自私任性，便会遭到"教官"不分青红皂白的斥责。这时，他们想通过撒娇来得到关爱的一面也会遭到否定。

优等生不会惹大人生气，但他们总是控制不住对自己发脾气。

进入叛逆期后，一些优等生也会产生强烈的反抗欲望。但是，对于习惯以"他人轴"作为自己的生活方式的优等生而言，这种情绪又不得不严加管制。因此，他们的心里会产生更大的矛盾。

即便长大成人，优等生的这种生活模式也会持续下去。

"我会尽己所能地去满足他人的期望（理想），但是，一旦我做不好，我就会质疑自己为什么做不到，这导致我心里感觉很压抑、郁闷。"（I.E）

这就是一个成年的优等生会因为身患"燃烧殆尽症候群"①而选择退缩，或者在自己感到迷茫、不知所措之时深陷迷途的原因。

_____

① 非专业词汇，指持续努力到一个临界点，彻底耗尽了自己，再也无法鼓起干劲。

你是否也曾是一名优等生？比如，和朋友在一起时可以做到自由洒脱，但在职场上却会力争做一个"优秀员工"？

为什么越认真越痛苦?

认真是一种态度,也是一种可贵的品质,对于获得信任、建立良好的人际关系非常重要,但过于认真也有各种弊端。

① 做事缺乏变通。

② 每一件事都想井井有条地处理。

③ 什么都信以为真。

④ 不能开玩笑。

⑤ 注重正确性。

⑥ 时常让人感到拘束。

综合以上特征,可以说,过于认真的人时常给人"呆

板""不擅长玩闹"的印象。认真是一个人的良好品质之一，
但很多时候，认真的人不仅对自己非常严格，也会要求他人
同样拥有认真严谨的态度。

在心理辅导的过程中，我也发现，人越认真就越容易因
为人际关系而感到苦恼，而很多人的工作都要求有创新精神，
所以过于认真的人往往都会因为自己不擅长灵活应对而吃尽
苦头。

很多人的责任感过强，容易被人牵着鼻子走。无
论什么事情，他们都过于认真，最终把自己逼上绝境。

不过，认真是人的一种特质，也是在特有的成长环境中
所形成的固有性格，所以，即使试图改变，也可能很难做到。

但是，我在工作和生活中遇到过这么多人，不存在完全
没有"风趣"或者"幽默"的一面的人。

换句话说，虽然有人因为对自己严格而形成了过于认真
的性格，但他们仍然拥有一颗幽默的心。

所以，认为自己过于认真的人，只要将注意力集中于认

真为自己带来的优势，同时逐渐降低自己的认真程度，就能

让自己轻松度过人生。

问题

你是否会认为自己有时太过认真？那会对你造

成伤害吗，还是对你的人生产生了正面影响？

对自己要求越严格越不会轻易满足

理想主义者有积极的一面也有消极的一面，但我在心理咨询工作中遇到的来访客户大多都是负面案例。

"我明明知道应该这样做，但我就是做不到。"

"我必须这样做，可我无法做到。"

"一般人都可以做到，但我却不行。"

"能取得这样的成绩是理所当然的，我必须付出更多的努力。"

"理想的自我"（应该有的姿态）和"现实的自我"（暂不完美的姿态）总是冲突的，我经常看到有人将二者拿来对比并以此来否定自己。理想主义者不满足于"现在"，他们的时间似乎定格在了"明天"，相对于现在而言，他们通常更关注未来的发展。

> 虽然已经取得了很好的成绩，或者得到了自己想要的结果，理想主义者也会认为这只是一个"巧合"，将其视作"周围人努力的结果"，而不会发自心底地感到喜悦。相反，他们还会一再自责道："如果我再努力一点，结果或许会更好。"

即使已经完成某一项既定任务，理想主义者也会立即找到下一个有待解决的课题，这就是为什么他们总是在追逐理想自我的过程中感到疲倦。

所以，当我遇到精疲力竭、疲惫不堪的人时，往往会在他们身上看到理想主义者的身影。

"我是一个理想主义者，总是会在回家后因为自己的一些小错误或者言论而自责。这时常导致我产生内疚感，甚至会向他人发起攻击。结果，不仅会让对方感到不快，我自己也会因为考虑不周而再次陷入深深的自责之中。

"当我开始学习或参加某项培训时，我会要求自己必须全力以赴，甚至还会向自己的同伴提出同样的要求。'快乐至上'或'适可而止'的观点，在我看来完全无法接受。"（S.K）

从以上表述可以看出，这位客户对自己要求真的很严格。

然而，他本人却认为"对自己还是太宽容了"，不仅拒绝承认自己的成就，也拒绝认可自己的努力、价值和能力。

人们常说："邻家的草很绿（形容别人的东西总是比自己的好）。"一个纯粹的理想主义者却会不断要求自己"住在有绿色草坪的房子里"。

因此，理想主义者从不会感到自信，当然，也感觉不到任何快乐。

比起已经到手的东西，理想主义者通常会对自己无力得到的物品更有兴趣，总是认为没有得到的东西才富有价值，而从不关注自己已经得到了什么。因此，理想主义者一直在追逐，他们的内心永远得不到满足。

理想主义者会受到许多观念的束缚，比如，"应该××""不应该××"。这些所谓的观念似乎每条都很有说服力，但如果把这一切都强加给自己，不禁会令人有种窒息的感觉。

因为总是沉迷于自我否定，甚至注意不到自己身上的任何优点，理想主义者的自我肯定感很低。有些人人品好、工作好，而且很努力，是众人羡慕的对象，但他们并不知道自己的价值。

当然，树立理想并为之努力是一种享受，把自己一路走来的经验变成自信，朝着下一个目标迈进是很美妙的一种体验，理想主义者原本也应该以此为目标。但他们通常不会给予自己认可，甚至经常对自己过于严苛，用"欺负自己"来形容也一点都不为过。因此，如果认为"我对待自己还是太宽容了，我没有尽力而为"，那么，你可能正沉迷于理想主义。

练习

　　请尝试想象"理想中的自己"，你是否会认为现实自我与理想自我相比会显得很"没用"？

追求完美没有错，
请在当下做到最好

完美主义与理想主义有些相似，崇尚完美主义的人常常试图把每一件事都做到完美，非常讨厌不完美的状态。当然，这样往往会让人变得更好，但也有可能会成为"压死"自己的"最后一根稻草"。

完美主义者眼中的"完美"完全出于自己的认知，没有客观的标准。这是他们为自己套上的枷锁，难以挣脱。

其实我也有一些完美主义倾向，有时会被"必须把所有事情都做好""凡事都要讲规矩""必须让一切都井然有序"等想法束缚。

我已经写了 20 多本书，但是，时至今日，每当伏案疾书，我还是会感觉压力很大，甚至不想去考虑与书有关的任何问题。即使已经开始下笔，我也总是因为自己设定的"必须要创作一本完美的作品，各种细节都必须考虑周到"的标准而感到焦虑，到了书稿撰写的后半段，我又会质疑自己：内容是否矛盾；逻辑是否清晰；内容是否出现遗漏，有没有什么忘记写进书中的内容……

我坚持认为：因为我是作者，所以，我必须把书写好，必须写出一些像样的东西。当然，我也必须严格遵守交稿时间。

为此，写作路上，我时常感到沮丧、焦虑，并且经常给自己的家人带来麻烦。这种状态在作品出版后，仍然会因为"销量"问题而持续存在。总之，我身上的完美主义特质在各个阶段都有不同的体现。

写作让我可以用自己擅长的方式表达自己的想法，但我在这一过程中感受到更多的是痛苦，大约从一两年前开始，我才真正认为写书是一件很有趣的事。

在那之前，我一直怀疑自己：我喜欢写作，也想写很多书，但这是否是自己的真实想法呢？

最近，我对于写书的完美主义理念已经减弱了很多，并且真实地感受到了写书的乐趣，我发现这是对自己的挑战，充满刺激。虽然我也曾自我怀疑，但可以肯定的是，写作已经成为我确定要做下去的终生事业。

以前的我追求完美，总是在"正确""有序"和"坚定"等口号的指导下监控自己，就好像我身边有一个"魔鬼教官"，时时在鞭策、鼓励我追求完美。

显然，任何人都不可能做到完美。所以，如果我们陷入追求完美的陷阱，便会跑上没有终点的马拉松赛道，让自己的热情燃烧殆尽，甚至精神也陷入崩溃。

但即使在这种情况下，身陷完美主义的我们仍然会无情地用那根隐形的鞭子"抽打"自己，给自己的内心不断加码。

显而易见，完美主义者对自己的要求近乎苛刻。

人生有大起大落，与其事事追求完美，不如学会放手，尽自己最大的努力就好，还自己一个轻松的心态。

"人生，就是做自己能做的事，并尽力而为。"

这是我在心理辅导中经常对客户说的一句话。事实上，理想主义者和完美主义者都是把做不到的事情强加给自己。

　　换言之，"尽力而为"也是勇于接受自己的失败和不完美。

　　只要具备这种意识，即便面对纷繁的生活，我们的身心也能够得到放松并且保持平和。

练习

　　试着找出在日常生活中能激活你完美主义的一面，并且让你想要"正确""有序"和"坚定"地做某事的场景。

第二章

对自己过于严格之人的心理表现

明明可以温柔待人，
为何不能宽以待己？

对自己要求过于严苛的人对待他人和自己的态度往往截然相反，下面，让我们来听一听部分读者的心声。

"因他人失误而导致整个团队失败时，我会认为，团队中的每个人都有错，我要为自己的失误负责，我也相信每位团队成员都会这么想。但当自己犯下错误时，我会认为，团队失败的原因100%要归咎于自己，这让我十分痛苦，甚至想要从这个世界消失……"（S.S）

"关于约定的'时间'，我会要求自己必须准时，将'绝对不能迟到'的观念强加于自己，甚至可能会提前到达约定地点。不过，我并不介意对方迟到，有时别人没有遵守约定时间，我还会想'自己终于有时间闲逛了'。我觉得我对自己要求还是太过严格了。"（O.N）

"每当有人遭遇挫折时，我都会告诉他们，我们身为一个普通人，经常要面临失败，这是很自然的。但当我自己面临失败时，总会感到无法挽回，头脑一片空白。

"我可以毫不吝啬地夸赞他人每一点微小的进步，但在面对自己的成就时，却会心中暗想：这个水平还远远不够……即使偶尔有一件事情让我觉得自己比过去成长了，我也会立即找到一个更加强大的人作为比较的对象并且鞭策自己：其实你还差得很远……"（E.M）

"有关心理辅导，我目前还处于学习阶段，所以，有些事情做不到是很自然的，但我仍然会认为'这里做得不好''不能这样说话''这样的心理辅导简直太糟糕了'。看到跟我一起学习的伙伴进行的跟我水平相当的心理辅导，我通常不会将目光聚焦于他们的不足之处，而是找到他们的优点并给予赞美；然而面对自己时，我却会因为对自己的种种不满而想

要放弃。"（K.N）

> 你有没有发现，有些人明明可以做到善待他人、
> 理解他人、原谅他人并看到他人的价值，但面对自己
> 做同样的事情时，就会分外严厉，甚至认为自己不可
> 原谅？

这样的人，是很温柔的人。

这也是长期独自努力的人的一种普遍倾向。在努力成长的过程中，默默奋斗的他们不断鞭策自己，严格要求自己已经变成生活中习以为常的事情。这导致他们认为，严于律己是理所当然的，他们甚至意识不到自己对自己过于严格。

因为严于律己而不断得到成长的人往往拥有很大的气量，视野极宽，头脑也异常灵活，善于发现、理解和接纳他人。

如果你发现不了自己的优点，那么，我只能说，你可能已经把自己排除在优秀行列之外了。

对自己过分严格的人，实际上自身拥有很大的魅力和价值，脾气、性格往往也很好。

然而，他们根本不会认可自己，甚至有时还会在无意中质问自己：你为什么要对自己如此苛刻？你这么讨厌自己吗？

练习

在你心中，在他人身上发生可以原谅，但不允许在自己身上出现的事情有哪些？

只能在他人身上找到价值

本节话题与上一节有点类似，但是，对自己严格要求的人往往会持有这样的观点。

"我常常会低估自己的能力，比如，我持有某项职称，但是现在并没有派上用场，所以我认为那没什么大不了的。但如果其他人拥有相同等级的职称，即便平时用不到，我也会认为那是一种非常棒的能力。对于自己做的事，我没有觉得那是对将来的积累，反而会有一种在堆砌沙堡的感觉，光是奋斗的过程就已经让我筋疲力尽了。"（I.K）

对于 I.K 而言，是职称给他造成了困扰。但对阅读此书的你而言，合作伙伴、工作内容、居住的房屋、车、喜欢用的包、美发师充满热情地为自己剪出的发型等，你是否因为这些而产生过类似的想法？

> 相同的物品或某种能力在他人身上总是很有价值，但是，一旦自己收获了同样的东西，就完全没有了任何价值感。

这种现象通常缘于强烈的自我怀疑和自我否定。I.K 拥有的职称很有价值，只是因为对自己过于严格，所以他感受不到。

此外，处于这种模式的人会努力去获得他们认为"有价值的东西"，但就在成功的那一刻，他们会突然发现自己曾经的向往已变得毫无价值。

这不免令人感到可惜，但这也证明了一个人如果对自己过于严格，就无法正确认识并接纳自我价值。

生活中，如果我们看不到自己的价值，也就发现不了自己所拥有的物品或能力的价值。

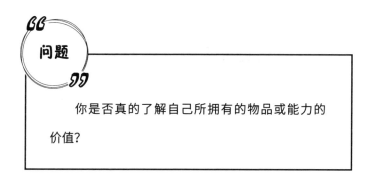

问题

你是否真的了解自己所拥有的物品或能力的价值?

总是忽视自己的感受

如果我们对自己要求过于严格，并且不停地进行自我鞭策，就无法真正做到珍视自己。

相反，我们也许还会越来越多地忽视自己的感受，伤害自己。

很多人说："我会尽量让老公和孩子穿得体面，作为家庭主妇，因为自己平时不常出门，所以好多年都没买过衣服了。"

倘若持有上述主张的人原本就对时尚潮流不感兴趣，那就另当别论。但普遍看来，单身女性的确比已婚女性更加注重穿着打扮。

对于一位家庭主妇来说，考虑家庭预算可能是自然且必要的，但其中是否也有过于压抑自我的因素存在呢？

听到以下这个故事时，我曾认为对方真的像是一位"苦行僧"。如果是为了开悟，我自然可以理解，可事实上，她可能只是将所谓的理由强加给自己，并因此禁止自己享乐，这实际上是在变相地惩罚自己。

"我会嘱咐自己年迈的父母，天热要早点开空调。但对于自己，我认为开空调简直就是浪费，所以，我不会在自己居住的房间内使用空调。"（I.M）

因为感觉"浪费"而选择忍受酷暑可能会令你感到惊讶，但这只是冰山一角，请你继续往下看。

"我不喜欢甚至越来越讨厌现在的工作，但我忍耐着自己的不满情绪，已经坚持工作了十多年。即使心里不停地说 NO（不），我也不会在行动上做出任何反抗，还会强迫自己继续做下去。"（M.R）

"即使是带薪休假，我也会觉得自己在偷懒翘班。"（S.K）

读完上面的故事，在质疑他们对自己过于严格的同时，你是不是也在内心深处感叹深有同感，还是你会在无意间脱口而出：

"但这不是在为难自己吗？"

"他们就那么讨厌自己吗？"

"他们就那么想伤害自己吗？"

"必须要这样惩罚自己吗？"

深究人们无法重视自己感受的原因，我们不难发现，源头往往是每个人心中的"罪恶感"。

"罪恶感"会让我们成为自己心中的"戴罪之人"。作为惩罚，我们会把自己"关入牢狱"并将繁重的劳动强加于自己身上。当然，这样做会剥夺我们的快乐和享受，让自己过上无聊的生活。（我将在第三章中围绕"罪恶感"展开详细介绍。）

如果我们把自己视作有罪之人，那么，以这种方式严格要求自己可能是"合理"的。

但是，如果连我们自己都不能好好珍视自己，又有谁会感到幸福呢？身边的人看到这样的我们会感到高兴吗？

练习

尝试找到一个你认为"没有好好珍视自己"的场景。

认为幸福都是有条件的

你是否也有过"如果有××的话，我一定会很幸福""如果我是××的话，我一定会很幸福""当我变成××时，我一定会很幸福"的想法？这个"××"可能是金钱、有价值的工作、优秀的合作伙伴、职称、学历、时间、健康等，也有可能是"如果父母没有把他们的麻烦强加给我""如果老板更加宽容、慷慨""如果我有更多的能力"等以"如果……"为开端的前提条件。

实际上，这些想法都暗含着对现在的自己的否定，表达了"我现在没有××，因此，我不幸福"的含义。

长久以来，人们的这种状态被称为"青鸟综合征"，即总是因为无法接纳自己、看不到自己所拥有的事物的价值、感受不到当下的幸福而追求"现在的自己所没有的东西"（青鸟）。

事实上，这样的人将永远不会感到幸福。

我们不妨来假设一下，如果我们得到了"××"，又会如何？

答案显而易见，我们会再次找到一个新的"××"——我曾经以为，有了钱就会幸福，为此，我付出了极大的努力，而且我也成功赚到了很多钱，但我并未因此感到幸福。如此看来，只有拥有一个和自己心灵相通的伴侣，我才会真正感受到幸福……

这种情况下，人们否定的往往是现在的自己。所以，无论是否拥有经济实力，这样的人都会感觉自己一无是处。

我把这种现象称为"现状否定法则"，即在不辞劳苦寻找传说中的"青鸟"时，人们无法在当下感受到幸福。即使有令人羡慕的经济实力或理想的生活伴

侣，只要我们不改变否定现在的态度，我们就永远无
法体会到人生的幸福和快乐。

我们必须要有一定的前提条件才能感受到幸福吗？

我经常建议大家"找到现在所拥有的幸福"。正如我们所
经历的那样，在以往的各种灾难和这次席卷全球的新冠肺炎
疫情中，有很多只有在消失后才发现其价值的东西。当失去
一些重要的东西时，我们才会意识到当时的自己很幸福。

我们只能活在当下，所以，要意识到并且珍惜现在所拥
有的幸福。

练习

你认为可以让自己通往幸福的阶梯是什么？

不想失败只会让痛苦变本加厉

也许是因为过强的责任感，很多人都会为了满足他人的期望或者为了完成别人要求的工作而过度劳累。

"我承受着艰苦的工作、职权骚扰、精神霸凌，就算自己生病，出现了自律神经失调、抑郁等症状，也会在'我不能输给这些家伙！'的强烈意念下坚持上班。"（E.R）

在工作当中，我经常会遇到为了工作付出超常努力的客户，但带病坚持工作真的是一件值得赞赏的事吗？

不可否认的是，这会给我们的身心健康带来相当大的危害。

"如果只是低烧，可以选择忍受并正常上班。"

"临近截止日期，即使加班或在节假日坚持上班，也是理所应当的。"

"即使有严重的痛经，也能够坚持下来，保持良好的心态完成工作。"

……

你是否是以上观念的践行者？

从小就一直在学习、备考、社团活动、打工等方面努力拼搏的人，通常都会以同样的状态步入社会。

他们也许会尽己所能地度过每天忙碌的工作和家庭生活，但我认为这是一种对自己相当严格的态度，你是否也有相同的感受？

习惯是个可怕的东西，即使自己身心已经过度劳累，但如果超负荷工作已经在潜意识里被认为是理所当然的状态，我们的思想就会被麻痹，甚至意识不到自己当下的问题。

即便心里发出"我有点累、我太努力了、这样下去会很危险、我想休息一下"的"信号",我们也完全无法察觉。

即使已经注意到了自己内心的声音,你可能也会做出过于严格的判断,认为自己做得还不够好并试图忽略自己真实的想法。

有些事,一旦养成习惯,就很难在短时间内改掉,甚至会让人感觉"不做就不舒服"。因此,对自己要求严格且习惯努力的人,如果不像以前那样尽力而为,就会感到不适并强迫自己不断向心目中的理想状态前进。

结果,工作努力的人哪怕将自己的内心逼入绝境也仍然会选择在追求理想的路上狂奔,而幸福感却离他们越来越远。

"起初,我开始运动是为了调整自己的状态,运动可以减肥和改善健康状况,让自己精神焕发。但是,当我开始去健身房后,我每周去健身房锻炼的次数竟然高达 5 次!当我开始在家进行肌肉训练后,我竟然每天都会坚持去做!当我选择通过走路的方式来锻炼身体后,我行走的距离竟然也越来越远!

"即使深感疲劳、乏累，甚至身体不适，我每天也会坚持与自己的身体斗争，在责任感的驱使下努力完成既定目标。但几个月后，我的热情终于燃烧殆尽，我突然停止那些看似已经成为习惯的生活方式。直到那时我才意识到，原来我一直在毫无道理地为难自己，这可能也是我对自己要求过于严格的一种体现。"（I.H）

我经常听到人们说："即使已经拼尽全力，我也感觉不到幸福。"换句话说，每个人都在为追求幸福而努力着。

"我在一家个体经营的美容院工作，当然，只要有顾客预约，我就无法休息。在我怀孕期间，孕吐非常严重的时候，我甚至觉得自己快要死了，但迫于工作压力，我不得不一边忍受着孕期反应，一边微笑着为顾客进行护理。在长达几个月的时间内，我一天都没有休息，即使到了现在，我仍然对当时宛如地狱一般的经历记忆犹新。

"从几年前开始，我似乎掌握了一种在感觉自己快要发烧时用气息抑制病情发展的神奇技能（此处伴有笑声），可以一直忍受到周末再通过睡眠来进行自我调整和恢复。

"可真正到了休息日或空闲时间，我本可以按照计划好好地睡上一觉，但我又觉得这是一种浪费，最后我通常还是会为了自己的成长而选择学习或看书。

"写到这里，我发现我真的应该好好照顾自己。"（M.M）

努力的人，起初可能会给人留下好印象，但如果完全不顾自己的内心，不停地与自己斗争，同样也不会真正受到他人的欢迎。也许你的心现在也正在因为对自己过于严格而发出悲鸣。

问题

你现在正在竭尽全力去做的事情是什么？到目前为止，你都做过哪些努力？

与人相处时出现的"魔鬼教官"

"我真的很懒，也不爱干净，所以，我必须严格要求自己。"

"稍不留神，我就会变得懒惰，所以，我会严厉地对待自己。"

在生活中，你是否也曾有过这样的想法呢？

也许我的观点会让你感到奇怪，但我还是要说，真正的懒人是不会意识到自己的懒惰的。他们认为这很正常，并且对自己的状态很满意。所以，对于自身而言，不用担心懒惰会有什么问题，因为那根本不重要。

怀疑自己懒惰的人并不是真的"懒",他们总是密切关注自己,以免自己变得懒惰,因此,他们反而会很勤奋。

他们的心永远都不会平静,好像"魔鬼教官"就在他们身后一样,时刻提醒和督促他们要严于律己。

也许是因为我们经常被要求勤奋、努力工作、处事得体,或者是因为父母总是为我们的懒惰而生气,又或许是因为身边有很多勤奋的人,导致我们没有时间偷懒,所以,大家才会普遍认为"懒惰是罪"。

另外,你是否会好奇如果自己变得懒惰,会发生什么情况呢?

人们普遍认为懒惰的人永远一事无成,因为害怕自己成为那样的人而让"魔鬼教官"时刻"陪伴"自己,对自己严格要求。慢慢地,自己的精神愈发疲惫,身体也会发出危险的信号。在面对自己的某个行为时,质疑自己"这难道不是懒惰吗?"以此让自己不潦草行事,要求自己必须持续保持紧张状态、继续努力,丝毫不给自己放松或者请假的机会。

一个认为"自己真的很懒""一旦疏忽大意就会变得很懒"的人，即使他潦草行事、肆意休息，或者不尽己所能地面对问题，也仍然不会成为一个懒惰的人。

然而，因为我们害怕自己行为怠惰，成为懒人，所以会严厉地对待自己，这种恐惧也会随着自己的心态愈发膨胀。

为什么我们不能成为一个懒惰的人？

事实上，我反而建议大家多关爱自己，允许自己偷懒。

作为心理咨询师，我常常会向大家提出"你也可以学着懒惰一点，以潦草行事的态度面对生活"的建议。

如果我用"有张有弛"来形容，可能更容易让大家理解。你是否也认为能够做到有张有弛的人，无论工作态度还是工作业绩，都会出乎意料的好？

如果是这样，请尝试告诉自己"或许我可以更懒一点"。从这时开始，你会发现自己的改变。

当我们独自一人时，越是对自己要求严格，行动力就越差。

"上周末，我原本想要整理换季衣物，并且特意为此腾出了时间。可是，早上我就是起不来，一觉醒来无论如何都不想离开被窝，就这样磨蹭着，一直到了傍晚。在这样没有什么特别计划的日子里，我总是一整天都穿着睡衣，在电影和智能手机的陪伴下消磨时光、舒缓压力。"

在跟客户沟通时，我经常听到他们以上的内心独白。你是否也会无所事事地度过一天的时光呢？

我会站在客观的角度告诉客户："你平时在工作日付出了极大的努力，星期六和星期日是难得的放松机会，所以周末犯个懒也没关系。"

不过，对自己要求过于严格的客户，马上就会自我否定道："也许是这样的，但我的这种状态实在是不可取，而且我在工作上也并没有多么努力。"

与人交往的过程中，尤其是在工作之余见朋友或与恋人约会时，对自己要求过于严格的人，还是会将"魔鬼教官"带在身边。

即使对自己的工作感到满意、和朋友一起玩得开心、与恋人度过了愉快的时光，我们也总是在令人欣喜的各种场景之下以严苛的态度监视自己的行为。

因此，我们经常会在不知不觉中感到疲倦。

在没有任何计划的假期时光，"魔鬼教官"似乎也拥有了难得的休息机会，所以，我们才终于摆脱了自我监控。

因为自己平时一直处于一种紧张的状态，所以，一旦变得松散，反而会感到疲乏，甚至什么也做不了。

当假期结束再次返回工作岗位时，"魔鬼教官"又会回来责备"浪费时间"的自己，严厉地训斥自己"好不容易不用上班，但你还是浪费了时间！明明都已经决定要整理换季衣物了"。只不过你可能还没有意识到，其实你已经对自己如此严格。

问题

当你在一个没有任何计划的假期中不修边幅地潦草度日后，是否可以坦然地因为"今天得到了充分的放松并且再次精神焕发"而感到满意，还是会责怪自己浪费了时间？

内心无法接纳自己的价值和成就

在心理辅导的过程中，我会向客户传达他们的价值、优势和魅力，告诉他们："你其实挺亲切的，能充分考虑他人的感受并在此基础上展开行动或沟通，所以，你的交际能力非常强。"然而，在我的客户中，很少有人能够接受我的评价并且回应道："我很高兴，我之前并不知道自己这么优秀！谢谢！"

相反，大多数人都会否认道："不，我没有你说的那么好。我很想考虑别人的感受，但我根本做不到，反而只会给人添麻烦。"

如果是你，你会做出怎样的回应呢？你能接受赞美吗，还是会立刻否认？我还曾听到过下面这样的声音。

"即使有人夸我时尚或可爱，我也会认为他们的眼光有问题。在我得到表扬的同时，我总是会联想到自己曾经犯过的错误。"（S.K）

"我在做家务和家庭财务管理方面都还算可以，而且自己的长相和性格也都没有那么差，但我还是觉得我不适合谈恋爱，更别提结婚了。"（A.Y）

这些案例似乎都在表达"我无法接纳自己的价值和魅力"。正如她们所说的那样，她们为自己的"温柔""可爱""会做家务"设定了相当严格的标准，或许是因为对自己过于严格，她们甚至习惯性地否定他人对于自己的任何赞美。

也有一些人，即使努力通过了职称考试、相亲顺利并且开始和对方交往、在工作中取得好成绩并且得到了老板的表扬，也无法真正接纳自己已经取得的成果。

"我不能满足于这一点成就。"

"一旦松懈就很难再提起精神，因此，我千万不能松懈。"

"任何人都可以做到这一点。"

事实上，这些人都对自己太严格了。

除以上案例之外，我还听过下面这样的故事。

"每当事情进展顺利时，我都会拼命思考'是因为谁才取得了如此好的成果'，反正我肯定不会将其归功于自己的努力。"（S.S）

"我一直以塔罗牌导师的身份开展各种职业活动，还在东京和福冈开设了课程。但是，我根本没有付出自己最大的努力。如果再加把劲，也许我还能够获得更大的成功。因此，当周围的人对我说'你太棒了''你真的很努力'时，我会感到非常不舒服。我认为，我只是'很幸运'碰巧能够吸引客户。遗憾的是，我已经做了很多，我本可以做得更好……但我还是太懒了。"（S.K）

即使事情进展顺利（已经收获良好结果），如果我们不予接受，也就不会因此而萌生信心，更不会有自我肯定感。

你是否也会认为自己的成功只是偶然，或者不能归功于自己的努力？是否会因为"没有尽己所能"而不断鞭策自己？你怎样才能认可自己呢？

事实上，我有时也会这样想，每个人的内心都有这样的一面。

如果一味否认自己的价值和成就，努力让自己做到最好，或者只是关注自己不好的状态并为此而惩罚自己，那么，我们的自我肯定感自然会缺失，更谈不上自信。

任何人都有可能因为对自己过于严格而忽视了自己真正的价值，这是否也已经成为你的习惯了呢？

请尝试回忆你最近受到表扬或取得成功时的感受，你是否曾发自内心地感到高兴，还是以严格的态度进行了自我反省？

第三章

人生路上，学会善待自己

身体状况和心情随时变化
是理所当然的

提升自我肯定感的一个基本方法是，区分现在的
自己能做到的事和做不到的事。

当然，日常生活中，时常出现"昨天可以做到，但今天
却不行""身心状态良好时可以负担得起，但现在精神略有不
佳，所以很难做到"等多种情况，但请注意，重点是"现在"。

此外，自己的能力也是需要我们注意的重点。人有长处
也有短处，"别人能做到的事，自己做不到"的情况并不少见。

即便同样坐在一间教室内听课，理解能力和感兴趣的程

度也会因人而异，甚至差别巨大。

因此，每个人在人生的不同阶段"能做到"和"做不到"的事，势必也会因为各自的具体情况和所处的状态而存在差异。

说到这里，你可能会认为这是理所当然的事情。

但是，对自己要求过于严格的人，通常都不了解，也不擅长区分自己能做到和做不到的事情。

过于严于律己的人，在遇到无法做到的事情时，首先会质疑甚至责怪自己："太奇怪了，昨天明明能做到，今天怎么就不行了？""什么叫精神略有不佳，明明就是自我管理不善。"

而且，他们还会与其他人进行比较。这时，原本的质疑与责怪将进一步演变为"否定自己"。例如，"别人能做到，我却做不到，我实在是太差劲了……"

有些人正在慢慢地变为一个"机械人"，要求自己每天都保证高品质产出，不断"对自己赋予极高的期待"，把目标达成看作理所当然，认为自己必须取得成绩或者本就应该达到高水准。

这就像是在责备树立了遥不可及的目标但实际又无法达成的自己一般，毫无道理可言。

你能接受自己的身体状况和心情每天都会发生变化吗？

你能承认或接纳自己和他人之间存在个体差异吗？

我好像已经听到了你内心发出的声音，你仿佛在说："我知道世界上每一个个体都是独一无二的，每个人都有不同的人格特质与追求，身体状况和情绪也会随时发生变化……"（此处伴有笑声）

即使心里明白，你是否也仍然希望自己的身体状况和心情维持不变？

但除了天气和气压之外，我们还会受到家庭和职场环境的影响，当然，人际关系对于身体状况和情绪的变化也至关重要。基于荷尔蒙的影响等，女性通常更加难以把控自我。

我们要深刻地理解"身体状况和心情每天都在变化"这一理所当然的事实。

人们时常会认为"自己必须和周围的人做同样的事情""自己必须能够做到别人也能做到的事情"，否则便给自己冠以"奇怪"的定义，但这所谓的"奇怪"其实就是"个性"。

很多事情别人可以做到，但我们自己却做不到，对自己太苛刻的人往往无法原谅这样的自己。

在和他人比较时，太过严于律己的人只会陷入自我否定，不断感叹道："果然还是邻居家的草更绿。"

然而，当自我否定达到一定程度后，就会让人产生试图通过发掘情况不及自己的人来寻求"优越感"并以此来自我宽慰的心理。

也就是说，深陷自我否定的人往往会通过"我比那个人更好"的想法来安慰自己，或者以"我已经能做到××"的观点让自己在心理上获取优势。

其实，这也是自我厌恶和自我否定的表现。通过和他人比较来获取心理优势的人，其实内心很不自信。我相信，你身边应该也有这样的人。

事实上，我也是一个性情不定的人，每天的状态都会发生变化。即便是在撰写本书期间，我每天的工作状态也都存在差异，有时思路清晰、进展顺利，有时注意力不能长时间集中、很快就会分心。

我曾经总是会提醒自己注意，比如，"这样将无法赶在最后期限前交稿""既然昨天可以写那么多，今天也必须要完成与其相当的写作量，否则自己就不配被称为'专业人士'"。

即使在无法集中注意力的日子里，我也依然很努力，强迫自己将各种词语拼凑在一起。但是，每当事后再次阅读，我就会发现那些所谓的语句完全不能被称为作品，甚至缺乏最基本的准确性，最终不得不返工。

我有过很多类似的经历，所以我也总结了一些经验，自己对待工作的态度也逐渐发生了转变。慢慢地，我开始认为"写不出来也没有办法，不过这没有关系，只要按照自己当下的节奏去做就可以了，毕竟，最重要的是享受写作的乐趣"。

所以，就算耽误进度、赶不上交稿截止日期、给编辑带来麻烦，也比敷衍提交令人无法满意的稿件要好。（事实上，在撰写本书期间，我也曾要求编辑延长交稿截止日期。）

自己都不满意的作品不仅会让自己后悔，对读者而言，也十分失礼。

因此，我会试着让自己区分现在的自己能做到和做不到的事情，并且只把自己的精力集中在能做到的事情上。当我不能专心写作时，我就会毫不犹豫地去做其他工作。其实今天恰好就是这样的一天，直到刚才，我一直都在按照自己的节奏回邮件、查看学生的工作情况、浏览 YouTube[①] 视频等。

　　不知不觉中，我的脑海中突然就产生了有关本节内容的灵感。这时，我并没有任何特别的准备，随即便投入到了写作当中。

问题

你想把自己宝贵的精力投入到什么事情当中？

---

① 源自美国的视频分享网站。

学会放下愧疚，
允许自己做不到

请你想出自己现在应该做的一件事，具体内容不限，例如，"洗碗""为明天做准备""写下周要交的报告""回复SNS①信息"……

请尝试询问自己：这件事是现在的自己能做到的还是暂时做不到的？

仔细聆听你内心的声音。

如果你听到一个声音说"可以做到"，请毫不犹豫地向自

---

① 一般指社交网络服务。

己的内心做出肯定的回应并立即展开行动；如果内心的真实
想法是"做不到"，那你就要遵从内心，暂时放弃行动计划。

如果你听到自己的内心说"这是必须做的事情"，请务必
暂缓处理。

我们认为"必须做的事情"应该都是"不想做的事情"，
所以，需要对自己"不想做"的真实内心给予最基本的尊重。

照顾自己的感受，对于过度严于律己的人来说是
一个重要的课题。如果你听到有人对你说："你这样
做，工作将完全无法继续推进！领导也会生气！"请
毫不犹豫地告诉自己："没关系，没关系！"

你可以选择暂时退却，做其他工作，或者休息享乐。

你不必对此有任何罪恶感，也许，你还会听到一个声音：
"如果这样做，你将永远无所作为。"但即便如此，你也要告
诉自己："他说得没错，但没关系。"

"领导生气"或"无所作为"是一种威胁自己的方式，也
是典型的"他人轴"，同时，还是不自信的表现。

所以，你可以告诉自己："我不会上当！"

当然，有一些事情可能的确要做，但如果你认为自己做不到，请向他人寻求支持。

对自己要求过严的人大多不擅长开口向他人求助，他们甚至会认为不应该向他人寻求帮助，因此选择独自一人面对生活。

所以，学会依靠别人、向别人求助，对于过度严于律己的人来说，也是改变自己的一种挑战。

如果你认为"我必须自己做！我必须现在就做！"，也请将行动的过程视作提高自我肯定感的机会。

比如，你可以对自己说至少三遍"实际上我大可不必这样，但尽力做到最好的我真的很了不起"，既要尽力而为，也要量力而行。

最后，一定要称赞付出努力的自己。采用这种方法，无论是否立即实践现在的自己可以做的事情，你都将呈现出自然的状态，自我肯定感也会得到提升。

练习

问问自己，现在能做到什么，做不到什么，并
且听从自己内心的声音。

不要强迫自己
"今天必须尽力而为"

现在，让我们继续上一节中"区分能做到与做不到的事情"的话题，开展进一步的分析研讨。

自我肯定感强的人深知，如果违背真实的内心勉强去做一些事情，不仅达不到预期的效果，还会让自己感觉十分痛苦。因此，他们会顺从自己的内心，根据身体状态和心情做出调整。比如，"今天感觉很好，所以，我要加把劲！""今天感觉不太好，所以，我要量力而行"。

但是，过度严于律己的人不允许自己那样做，反而要求自己一直处于最佳状态。

如果你也恰好是这样，我想恳请你三思而后行，正因为"最佳"状态很少出现，所以它才会获得"最佳"称号，难道不是吗？

最佳状态往往是人们在回顾自身行为的过程中发现并赋予自己的积极评价，并非可以快速实现的目标。

如果我们总是要求自己达到最佳状态，就是在强求自己。

各个方面都对自己要求过于严格的人，充其量也只能说是有野心，他们总是以"更好"为目标，将高标准强加于自己。

每当听说有谁处于上述状态，我都会觉得对方简直就像是要代表日本参加国际比赛的运动员。

如果你感觉自己也是这样的人，请务必先去了解为了在比赛中呈现出最佳状态运动员会如何安排自己的生活。

有关运动员的日常生活，我搜集到了一些信息，可能会对你有所帮助。比如，"努力训练，好好休息""确保休息时间，让身心得到充分的放松""勉强开展训练会导致自己受伤，所以，要根据当天的身体状况调整计划""哪怕略有不适，也会立即咨询教练，降低训练强度""进行表象训练，以便在正式比赛中有最佳表现"等。

如果我们把运动员的生活状态应用到自己的工作和日常生活中，会有怎样的效果呢？如果我们不以最佳状态为标准，又应该将自己的关注点集中在哪一方面呢？

我建议大家关注自己的"今日最佳状态"，不要与过去或其他人比较，而是要意识到"今天的自己能够达到怎样的最佳状态"。

这与上一节中的区分现在的自己能做到的事和做不到的事有异曲同工之处，一个人今天的最佳状态和昨天的最佳状态也不一样。

即便是同一天，我们在上午和下午的状态也有可能存在不同。早起型的人通常会在上午保持良好状态，随着时间的推移，无法在清晨呈现出好状态的人，到了傍晚也许就能逐渐进入最佳状态。

我们只需要有意识地呈现出今天的最佳自我状态即可。我自己也有过这方面的经历，因自我感觉状态良好，我曾于某日埋头写作，在一天之内写出了大约 1 万字的内容。

然而，到了第二天，不知为何，我总是感觉不在状态，灵感似乎也总是在跟我作对。

我一边想着"没有灵感也是正常的"，一边应付着写了一些内容，之后就去做其他工作了。总之就是没有为自己设定什么目标，也没有为自己施加任何压力。

那时，我感觉能写 2000~3000 字就很幸运了。结果，我那天竟然写了大约 15000 字。完成量是状态良好时的 1.5 倍，我自己也很惊讶。

当然，写作量也取决于写作时间的长短。但通过那一次的经历，我再次意识到按照自己的节奏工作才最有效率。

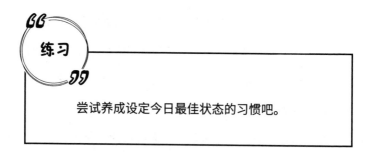

练习

尝试养成设定今日最佳状态的习惯吧。

你有"自知之明"吗？

如果听到有人对自己说"请你有点自知之明"，我们很可能会因为情绪上的刺激而燃起怒火。

我很抱歉在这里提出这样一个话题，然而，这句话出乎意料地成为我在心理辅导中经常使用的表达方式（当然，我不会用命令的语气说出）。

我会告诉客户："对于现在的你来说，最重要的可能是要做到有自知之明。"

我所说的有"自知之明"往往可以用通俗易懂的方式"翻译"成以下内容：

"不要对自己有过高的期待，难道你不知道自己快要崩溃了吗？"

虽然心态即将崩溃，但你仍然认为"自己可以做到"并不断努力，所以我希望你能够放慢脚步，"等一等"自己，你似乎已经没有更多的精力来满足自己的期望了。

"不要给自己那么大的压力，难道你没有发现自己已经'超载'了吗？"

现在的工作量显然已经让你处于超负荷运转的状态了，你就像一辆破旧的卡车满载货物，车厢里的东西似乎已经满得快要掉出来了。

"你为什么要把自己逼成这样？你觉得自己很坚强吗？"

你的确很"强大"，但看似强大的你已经快要支离破碎了，因此，我希望你不要再摧残自己，你的行为与惩罚自己并无两样。

"请接受已经达到极限的自己，难道你认为自己还可以继续下去吗？"

即使已经达到极限，你仍然在努力战胜自己。这对你来说没有丝毫益处，我知道你想故作坚强，尽力而为，继续下去，但实际情况已经不允许你这么做了。

"当你感到特别艰难时，一定要如实说出来，你难道听不见自己的内心正在哭泣吗？"

明明内心已经有如此强烈的痛苦感，可你为什么还要选择忍受并"尽力而为"？你就那么想伤害自己吗？你难道听不见自己的内心所发出的哭泣与呐喊吗？你一定要听从自己内心的声音。

以上内容可能会让很多人感到惊讶，但我想说的是：我们应该看清自己。

换句话说，就是承认自己心有余而力不足，知道自己已经身心疲惫，不能再努力的事实。

做到这一点需要很大的勇气，你也可能会对这样的自己感到厌恶。

但你应该已经意识到：再坚持下去是不行的，因为已经超过了自己所能承受的极限。而我所说的"自知之明"正是希望大家能够认识和接受自己。

如果你也想改变，不妨现在就尝试把"自知之明"这四个字深深地刻在自己的脑海当中吧！

问题

　　人贵有"自知之明"，你需要有什么样的"自知之明"呢？

别再恐吓自己的内心

你会不会认为自己很差劲，现在的自己不会取得成功，并为此而苦苦思索甚至加倍努力？工作、减肥、婚姻、自我提升、考取资质证书……看起来你是在努力设定目标并为此尽力而为，但我还是想请你仔细阅读以下内容，也许会让你有所感触。

你是否会口口声声说着"自己很差劲"，却在否定自己的同时依然付出努力？

如果你是因负面评价而成长的类型，那可能没问题。

然而，如果你是因正面评价而成长的类型，在对自己产生消极看法的瞬间，你应该会立刻感到气馁，丧失干劲。

　　也许你原本只是想鼓励自己："这样的我实在很
差劲，我必须尽己所能才能更加成功。"但否定自己
的同时，你已经亲手扼杀了自己前进的欲望。

　　实际上，这种试图通过"恐吓"来激励自己的心理，真
能奏效吗？

　　想要真正地减肥成功，至少需要几个月到半年的时间，
在此期间，也许对自己过于严格的你会让自己的内心充满
恐惧。

　　你心中的那个"魔鬼教官"会一次又一次地在你耳边呵
斥："吃了会发胖""你是否认真考虑过热量问题""现在不是
你说饿或者沉浸于美食的时候""你必须努力限制饮食"等。

　　你认为在这种状态下你能成功减肥吗？与减肥相比，因
难以忍受教官的恶言冷语而慌忙出逃的可能性更大，难道不
是吗？

　　努力让自己在恐惧的心理下做到最好，就相当于时刻给予自己无端的恐吓。你能承受长时间被人拿着刀威胁吗？

　　有时，敢于给自己施加压力对自我激励的确有一定帮助，但压力的激励作用是短暂的。比如，如果今天不能对材料进行整合，明天的演讲就没办法进行。在这种情况下，对自己施压可能会十分奏效。

　　可在为某一长期目标努力的过程中，反复自我否定只会让自己越来越沮丧。

　　心理学中有下面这样一种观念。

　　恐惧能为人带来瞬间爆发力，但不可持续发挥作用。

　　爱无法让人产生瞬间爆发力，但可以持续发挥作用。

　　当学校的老师严厉地向学生呵斥道"你们给我站起来"时，每个学生都会不自觉地马上起立，像列队一样立正在原地，这便是瞬间爆发力。

　　但是，如果学生一直保持上述状态听老师讲上几十分钟，无疑会十分乏累，在老师离开教室后，他们将立即瘫坐在椅子上。换句话说，恐惧的确可以为人们带来瞬间爆发力，但不可持续发挥作用。

另一方面，如果老师和蔼地说道"请大家站起来"，每个学生都会一边思考"老师是要干吗？"一边缓缓起身。换句话说，就是没有瞬间爆发力。

当然，在这种情况下，学生起立后的姿势也不可能直立不动，虽然是站着，但整体相对放松。所以，如果老师以和蔼的态度发表讲话，学生也并非无法忍受长篇大论。换句话说，就是可以持续发挥作用。

因此，如果为了长远目标而努力时，我们最初可以适当地向自己的内心施加恐吓，达到激发自身瞬间爆发力的目的，但之后便需要将其转变为爱，以达到持续激励的功效。

爱在这里可能看起来过于广义，但它其实就是一种积极的情绪，比如愉快、有趣、快乐、舒适等。

所以，如果你想减肥成功，不如想想怎么才能享受减肥的过程，而不是威胁自己"再这样下去很危险，不瘦下去将无法得到大家的喜爱"。

你也可以把自己的欲望作为自我激励的武器，比如，"如果减肥成功，我就可以穿很多可爱的衣服！男孩子会喜欢我！每个人都会说我很可爱"，或者将自己的意识专注于"成功减肥可以使身体变得轻盈敏捷，最重要的是，能够让我感到快乐"。

"在恐惧下尽力而为"无论如何都非常容易失败，所以，在面对任何事物时，都请想一想"如何才能享受它"，这也是一场取悦自己的修行。

练习

　　如果你有目标，请考虑如何将实现该目标的过程变得愉快、有趣且令人享受。

接受失败并没有损失

对自己过于严格的人经常会与他人比较，这有时会让他们认为"那个人比我更优秀"，有时也会激发出竞争意识，让他们产生"不想输给某人"的欲望。

过度严于律己将导致一个人的身心每天都处于"战争"状态。你是否也曾与某人竞争并大力强调自己的优势，或者执拗于胜负并对周遭的琐碎言论反应过度？

这样的竞争意识通常会因为团队成员和伴侣等亲近的人

而得到激发，并且总是向别人呈现出一种"求战"的姿态。

竞争意识一旦被激发，我们便能感受到竞争所带来的压力，一直处于紧张的状态。在这种状态下，我们的生活方式也将成为持续关注竞争对手的"他人轴"。

这不仅会使我们身心疲惫，还将导致我们的人际关系出现问题，让我们成为不被人喜爱的麻烦制造者。

当我的客户因为竞争意识而面临离婚危机，或者因为与领导、同事发生冲突而不得不辞职时，总是会抱怨"我明明已经很努力了""我明明更优秀""为了使工作能更加顺利地推进，我已经做了十分正确的提案""我认为我的想法更加新颖并且效果更好"……

听到他们所发出的种种不满与抱怨后，我认为他们说得没错，我也可以理解、认可他们的努力和优秀。

但与此同时，隐藏在他们心中的"不自信"也传达到了我的耳中。

他们对自己的魅力和能力没有信心，认为自己的状态不可取，所以，试图鞭策自己并不断努力，希望自己以某种方式得到认可、得到他人的青睐与尊重。

为了不让人看到自己脆弱的一面，他们习惯假装坚强，不肯轻易示弱，通过理论武装，努力表现，让自己处于绝对有利的位置，试图占取上风。

换句话说，一个活在自己为自己打造的坚强外壳当中的人，竞争心越强，内心就越脆弱。这就是为什么他们总是严厉地审视着自己，让"魔鬼教官"常驻于心。

当被问到"这种生活方式是否会让你感到痛苦？"时，抱怨过后略微平静的客户通常都会苦笑着说道："是的，这让我很痛苦，但我不知道该怎么办。"

这种情况下，我会建议客户要敢于"认输"，承认自己在与伴侣的竞争、职场人际关系竞争中的失败。

其实，生活和职场本来就没有绝对的输赢之说，我们还是要齐心协力去建立更好的关系。

每个人都知道这样的大道理。然而，我们害怕表现出自己的弱点，害怕被人厌恶、嘲笑、放弃、轻视，让别人失望，我们心中的恐惧会助长内心的竞争意识。

> 我们只是想让自己看起来强大，而这样的逞强除了增加我们内心的负担外没有任何意义。因此，我建议大家不再伪装坚强，勇于接受失败。

这就像是宣布自己即将从竞争的舞台完美谢幕，告诉对方"我输了，你赢了"。不过，这似乎很难说出口，所以，我通常都会耐心等待客户自己的失败宣言。

每当承认自己的失败时，我们都会被强烈的痛苦、厌恶感和屈辱感所侵袭，还会觉得自己特别渺小，是一个软弱、可怜的人，什么都做不了，没有任何魅力和价值。

你是否也有一个软弱、充满自我厌恶的真实自我隐藏在看似优秀、充满魅力、坚强、不愿示弱的自己背后？为了把真实的自己隐藏起来，你别无选择，只能变得更强。

因此，承认自己失败的同时，也意味着你把另一个自己毫无隐藏地呈现在世界面前。

如果能认识到"再弱小的自己也能够被他人接受""即使

自己不优秀，也依然能够得到他人认可""即使做得不好，也可以得到他人原谅""即便是这样的自己，也可以被他人所爱"，你的生活会轻松多少？

竞争必然会产生输赢，然而即使一直赢，你也会感到很孤独。

但是，如果你可以承认自己的弱点、接受自己，自然也就能坦诚地向他人求助、学会依靠他人。

你可以建立自己与他人或者社会之间的联系，而不是把所有的感受都留在心底，独自一人逞强。

有句话叫"你眼中的弱点，恰恰是别人眼中的优势"，你不必独自全力以赴，而是可以与别人组建一个团队，让对方弥补你的弱点，而你也可以弥补对方的不足。

这就像是在负重前行的过程中让别人协助自己搬运行李，不必独自承担重负，你不觉得这样会轻松很多吗？

不过，竞争意识有一个积极的方面，那就是对方的努力会让自己产生前进的勇气和动力。

但是，另一方面，就像我介绍的那样，竞争意识也会让你隐藏着不自信，执拗于胜负。就像两种意识彼此拖后腿，这时没有人会感到幸福，因为你将不得不密切监视自己，并最终感到沮丧且筋疲力尽。

事实上，在这种情况下，认输也是一种有效的策略。

练习

你可以尝试想想自己的竞争对手，并大声说"我输了"。请感受久存于心的真实情绪，承认自己的失败，让自己活得轻松自在。

永远要对自己诚实

"能对自己诚实到什么程度？"对于过度严于律己的人来说，这是一个很大的课题。

诚实意味着承认自己目前的感受，感觉乏累时，我们可以说"我好累"；面对自己厌恶的事物时，可以说"我不喜欢"；感觉寂寞时，可以说"我很孤独"；略感尴尬时，可以说"真不好意思"；遇到悲伤的事情时，可以说"我很难过"；生气时，可以说"气死我了"；难受时，可以说"我太惨了"；感到抱歉时，可以说"对不起"。

即使你认为自己"不应该有那种感觉"，也要承认自己已经产生了切实的感受。所以，我还是建议大家能够正视并且接纳自己当下的感受。

当然，我们的心也没有那么简单。

承认自己的真实感受有很多阻力，比如，"我很沮丧，很痛苦，我真的很讨厌自己，但是，我又很生对方的气，我不想输，我认为这样沉迷于竞争的自己气度很小，甚至厌恶自己。但我不想认输，不想让人看到我真实的一面，所以，我要装作很强大……"

但我们仍然要承认这一切，就像举起白旗投降一般接受自己当下的真实心态。

我们只需要承认客观事实，因为它就在那里，并没有好坏与对错之分。

我经常为抱怨自己"很烦恼""对人生很困惑"的人做心理辅导，但我通常会在他们的自我抱怨后告诉他们：没有人心无烦恼一身轻，也没有人知晓人生的所有答案。

那个挣扎、忧虑、故作坚强、弱小的人，就是现在的自己，我们只能接受。

　　我的客户和博客读者认为，我有说"没办法"的习惯。事实上，我建议大家都把它作为诚实面对自己的口号。

　　当你感到生气时，可以挺起胸膛说："我只是在表达自己的真实感受，所以，不高兴就是不高兴，没办法隐藏。"

　　通过"没办法"等说法，诚实地接受自己目前所有的感受，这是自我肯定的一种表现。

　　不管自己有什么样的感受，我们都应该尽量坦诚面对。

　　即使偏爱在人前逞强，或者因为有悖自我原则而不想承认，那也是自己的真实感受。所以，没办法，我们不能掩饰内心真实的自己，必须有勇气并且诚实地看待、面对自己，学会向别人呈现真实的自己。

练习

　　你可以尝试诚实面对自己今天的感受，告诉自己"既然这是我的真实感受，所以，没办法，除了接受，别无选择"。

喜欢就是喜欢，
不喜欢就是不喜欢

　　首先，我想请你抛开一切，大声说10次："喜欢就是喜欢，不喜欢就是不喜欢！"

　　如果我们对自己要求过于严格，这句话将很难说出口，即使说出来也只能是缺乏感情的读诵。

　　你是否可以成功说出上面那句话呢？

　　事实上，这也与上一节的主题息息相关，即坦诚面对自己的感受。

　　凡事都过于严格要求自己的人，往往会陷入以下的思维旋涡。

对于自己喜欢的事物：

"我不能喜欢那种东西，那只会让别人感觉我不够成熟。等待我的是他人的嘲笑，这会让我感到尴尬，甚至觉得自己可怜。"

对于自己不喜欢的事物：

"我不能有不喜欢的东西，讨厌它会让人感觉我很奇怪。既然有人喜欢，那我就不能对它产生厌恶的情绪。"

对自己过于严格的人不允许自己有"喜欢"的感觉，甚至会禁止自己喜欢某事物，最后导致自己"不知道喜欢什么"或者"没有喜欢的东西"。

此外，"喜欢"和"不喜欢"是情绪，但通常情况下，我们会思考"应该喜欢"或"不应该喜欢"并以此限制自己的情绪。比如：

"领导有工作能力，所以他才会坐上现在的位置，即使我与他性格不合，也不应该讨厌他。"

"既然他喜欢这样的我，那我也应该喜欢他，否则将显得我十分失礼。"

"青鱼是一种健康的食材，所以，如果我讨厌它，会让人觉得我很奇怪。"

> 对自己要求过于严格的人，会试图通过"正
> 确""理论""常识"等来控制自己的情绪。无论喜
> 欢与否，他们都不了解自己的感受，总是活在"我该
> 怎么做？怎么办才好？我不能这么做"等思想控制之
> 下，压抑着自己的真实情感。

久而久之，他们会因此而变得面无表情，无论做什么事情都感觉很无聊，不明白什么是快乐，什么是有趣。

再继续下去，他们的心情会越来越沉重，永远失去笑容。

人类是非常情绪化的生物，所以，如果压抑自己的情绪，人就会变得像机器人一样，甚至失去生命的意义。

在我多年的工作经历当中，被问到"我活着是为了什么？"的情况并不少见。

"感受情绪"对于情感恢复，让自己像一个真正的人一样生活非常重要，这就需要我们喊出我在本节开篇时所提出的那个口号：喜欢就是喜欢，不喜欢就是不喜欢！

环顾四周，不难发现，能够明确辨别自己喜恶的人似乎都能拥有明朗而蓬勃的生活。

　　对于过度严于律己的人来说，为了活得轻松一点，像一个自由的人，认识到"喜欢就是喜欢，不喜欢就是不喜欢"非常重要。

你能在多大程度上接受自己喜欢某事物或不喜欢某事物的事实？

接受自己情绪上的喜恶是件非常简单的事，这也是一种非常重要的心态。

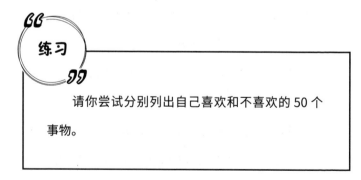

练习

请你尝试分别列出自己喜欢和不喜欢的 50 个事物。

尝试抛弃好与坏的判断

在诚实面对自身感受的基础上，我们的内心又会存在各种冲突，它们大多源自我们从小就形成的观念，在我们为判断"什么是好什么是坏，什么是对什么是错"而深思熟虑时——呈现。

比如，当自己因为同事一句微不足道的话而感到沮丧时，你有没有想过：我竟然会为此生气？我真是一个小气的人。

再比如说，当你收到朋友的订婚通知时，表面上会回复道："恭喜！别忘了叫我参加婚礼！"但自己的内心却非常复杂，甚至会嫉妒，并感到遗憾和痛苦。这时，你是否会认为：我怎么可以这样，为什么不能真诚地祝贺自己最喜欢的朋友？

又或者说，在工作中犯了错误并引来领导抱怨时，你明明知道自己应该诚恳地道歉，但还是忍不住找各种借口，结果让领导愈发愤怒。你是否会在事后责备自己：为什么那时候我不能真诚地表达歉意呢？找一堆借口有什么用？

最后，假设你的恋人取消了约会，即便你回复对方："工作太忙，也是没办法的事。我很期待下一次的约会，你也要努力工作哦！"可心里仍然充满了悲伤和孤独，甚至还会向朋友抱怨。但朋友也雪上加霜，责备你道："你应该诚实地表达自己的感受，告诉他你很想他，希望立刻见到他。"这时，你是否会猛然发现自己十分讨厌这个无法诚实表达自己感受的伪好人？

如果上面的每一个场景都能让你感同身受，说明你常常会将自己的真实感受置之脑后，并且时刻在脑海中思考"这个时候我应该这样回复""我现在不应该生气"等，并且根据自己的想法做出判断。

比起自己的感受，你通常会理智地考虑应该做什么，而且还会对自己的感受做出好与坏的判断。

你可能会想：我是成年人，所以，这样做很自然。但这些行为最终会压抑你的情绪，因此，你将在很长一段时间内都感觉不舒服。

如果你的思考先于你的情绪，最终将会导致自己产生心结；如果打不开，一个人的心结会变成心魔，最终只会苦了自己，害了自己。

我们有千千万万个"应该这样应该那样"的观念，

并且会根据各种价值观"貌似正确地"做出好坏对错

的判断。

这样的想法和价值观让一个人的心灵变得局促并且倍感束缚，从而导致人的心情变幻不定，感受不到一丝畅快。

对自己要求过严的人，会在很大程度上受到这种观念和价值观的约束，如果没有采取"好的"或"正确的"行为，他们就会严厉地惩罚自己。

因此，如果我们想诚实面对自己的感受，重要的是尽可能放下这种基于自身想法和价值观的思考与判断。

在心理辅导中经常出现类似案例，我通常会指出："你又在用思考和判断来惩罚自己了吧？""你到现在还在坚持自己所谓的正确的价值观吗？"

你不必立即做出改变，这是一个长期形成的习惯，所以，你无法立即改正。

在对沮丧的自己感到厌恶、无法因为朋友的婚事而发自内心地感到高兴、无法诚恳地致歉、违背内心在恋人面前扮演了一个"合格女朋友"时，我们首先要接受自己，告诉自己：没办法，既然真实的自己无法做到自己应该做的那样，就只能默默接受这样的自己。

其次，我们还要肯定自己。比如：

"我知道自己是有点小气了，但我当时真的很沮丧，所以，也是没办法的事。"

"我说我为什么不能诚恳地向朋友表示祝贺呢，没办法，因为我也想结婚啊！"

"为错误找借口才是真正的我。"

"我总不能对忙碌的男朋友表达寂寞或悲伤吧！"

肯定自己意味着"像对待好朋友一样对待自己"。所以，在心理辅导中，我会告诉客户："如果你的好朋友也像你一样，你会怎么处理？比如说，你的朋友告诉你，'我竟然因为同事的话而感到沮丧，我感觉那样的自己真的很小气'，你会怎么做？"

我想你应该不会说"你真的很小气"，相反，你还会安慰对方："那很正常，每个人都会这样，你并不是自己口中那个小气的人。"

正如我在第二章中介绍的那样，即使对自己过于严格，我们也一定能善待并且很容易原谅自己的朋友。

所以，只有学会像对待朋友一样对待自己，我们才能善待自己。

接受（接纳）和肯定自己非常困难，但是，通过换位思考，询问自己"如果是自己的朋友遇到这样的问题，我会怎么处理"，便可以逐渐转变对自己过于严格的态度。

通过反复尝试，束缚我们的观念和价值观就会逐渐松动，自己最终也将不再被其左右。

练习

请回忆你最近因为"不应该这样"的想法而责备自己的场景，如果同样的事情发生在你的朋友身上，你会怎么处理？

你是否认为
自己处处不尽如人意?

对自己要求过严的人通常都无法接受自己的价值,原因是多方面的,可能是他们为自己设定有远大的理想,或者是他们认为自己不应该满足于现状,但也可能只是讨厌自己。

既然你正在阅读本书,你可能已经意识到了自己对自己过于严格,所以,请尝试做以下练习。

请在 3 分钟内说出自己的 30 个魅力、价值或优势。

怎么样，你能说出多少个？

如果无法在规定时间内找到自己身上的 30 个魅力、价值或优势，请你务必认识到"我对自己过于严格了，以至于无法接受自己的价值"。

总认为自己不配被别人爱的心理就是"无价值感"，无价值感体现的是一种自我责备的情感，是过度严于律己的人最常见的心理表现。

时刻感觉自己没有价值，不仅会让人误以为自己没有被爱的价值，还会让人认为自己没有魅力、没有才华、没有长处，甚至一无是处。

这就是为什么我们会认为"恋爱不顺利是因为自己没有魅力""没有挚友是因为自己毫无长处""只能被月薪如此低的公司录用是因为自己没有天赋"……当出现问题时，我们总是将责任归咎于自己没有价值。

我从读者那里了解到对自己要求过严的人出现无价值感的事例。比如，因为内心的无价值感，某位读者认为"即便成功，也不能算作自己的成就"。

陷入无价值感时，我们只能看到自己的不足，在最坏的情况下，还有可能会认为"自己不值得活下去"。

在这种状态下，我们会觉得自己很糟糕，并因此倍感痛苦，为自己难过，甚至认为自己是一个渺小而微不足道的人，想到任何人都不会因为自己的消失而感到难过而深陷孤独。

因为无价值感，我们常常会产生强烈的自我厌恶感。

无价值感存在于每个人心中，当它变得强烈时，我们将无法接受爱。

那时，我们将不再会因为他人的赞扬而发自内心地感到喜悦，即使取得成绩，也只会归功于偶然、碰巧、侥幸。

如果有人在自己面前表扬他人，尽管与自己毫无关联，我们也会独自沮丧："我果然很糟糕。"

如果对自己眼中毫无价值的自己放任不管，我们就会失去存在感。因为担心自己被所有人遗忘或抛弃，我们的自我表现欲有时反而会增强，甚至会过度呈现。

对自己过于严格的人会以严格的标准看待自己，因此他们才会有强烈的无价值感。

感受自我价值

应该如何消除我在上一节中提到的"无价值感"呢？当然，发现众多自我价值是有效的方法。

在面向学生开设的课程中，我通常会布置这样一项作业：

列举出 100 个自己的价值、魅力、优势和才能，自己思考如何发现这些价值、魅力、优势和才能。

有关自身价值、魅力、优势和才能的发掘，迄今为止，大家已经总结出了很多种方法。

① 自我发现

向他人发起询问 / 通过 SNS 向与自己存在关联的人发起

询问。

② 回忆他人以前对自己做出的评价

使用"投影技法"。你眼睛里看到的世界，就是你内心的世界，当围绕"你周围的人有什么样的魅力？"这一问题做出回答时，我们所表述的内容其实就是自己所拥有的魅力。

③ 劣势→优势转化

用于企业培训等著名见习方式。例如，"自私"看似是一种劣势，但如果把它视作"自由""有自己的想法""能照顾好自己"，自私也就变成了优势。如果我们从"自私的人有什么优势？"的视角出发，会更容易发现自己身上的优势。

如果我们能够通过上述方式找到很多自己的魅力和优势，不必深究找到了什么，尝试发掘自己魅力和优势的过程就足以帮助我们减轻无价值感。

所以，我在提出这项课题任务时通常会建议学生尽可能多地花时间投入其中。为此，我会特意将数字设定为 100 个或 300 个，这样学生就必须花很多时间来完成这项作业。

花的时间越多，思考"自己的魅力是什么？"的时间就越长，就更容易让我们养成肯定自己的好习惯。

此外，确实有很多方法可以消除无价值感，我通常会在个人讲习等场合根据每一个人的实际情况对适合他们的方式做出介绍。

① 看到自己现在拥有的价值

逐一观察自己所拥有的衣物、饰品、家电、床、厨具等，发现它们的价值和魅力。如果我们能发现自己房间里的物品的价值，就会有自己在生活中被有价值的事物所包围的幸福感。

② 每天做一件取悦他人的事

我们可以直接向他人提供帮助，可以将钱放入便利店的捐款箱中，也可以赠予他人礼物或发送表达感谢的电子邮件。通过看到或者想象出一个因为自己而感到快乐的人，我们将感受到为其做出努力的自己所具有的价值。

③ 每天睡前感谢某人

感恩自己今天遇到的人，不仅会让我们感到心灵的自由，拥有良好的情绪，还可以让我们发现自己存在的价值。如果尝试在睡前感谢某人，将有效改善我们的睡眠质量，让自己被美梦环绕，早上醒来心情舒畅。

④ 写赞美日记

赞美自己对提高自我肯定感和消除无价值感有直接影响，我们应该有意识地赞美自己今天的言行，即使有很多消极情绪也不必担心，尝试持续赞美今天的自己和某些想法的涌现。

请尝试在我所提出的消除无价值感的方法中选择你认为有趣、希望尝试的一种并坚持实践。如果你能够一直坚持，直至它成为一种习惯，你应该会在几周后感受到一些变化。

从与他人比较的习惯中"毕业"

对自己要求过于严格的人，不仅会为自己设定非常严格的标准，有时还会将他人的长处与自己的短处进行比较，目的就是"凸显自己的短处、印证自己的无用"。

你是否也经常和他人比较？比如，"那个人有这样的长处，而我却没有""这个人很容易就能做到的事，我却做不到"等，这是一种"他人轴"的状态，即用他人的标准绑架自己，将他人置于自身之上。

如果你已经注意到了这一点，我建议你有意识地将自己的生活方式改为"自我轴"。如果你能以"自我轴"为主要生活方式，那么就可以克服自我攻击的心理状态。

　　具体来说，我们可以一边想象对方和自己之间的不同，一边念出"我是我，他是他""我是我，对方是对方""我是我，××是××"等"咒语"。

　　换句话说，如果你意识到"自己又在与同事 A 进行比较"，可以通过一遍又一遍的喃喃自语"我是我，A 是 A"来划清自己与对方的界限。

　　如果能够做到这一点，在某个时刻，你的情绪会平静下来，或者说，那个让你变得更加放松的时刻不久将会到来，那是一种让你无法再与 A 相比的感觉。

　　和他人划清界限后，你还要努力把意识转向自己，进一步强化"自我轴"。

　　　通过询问自己"我现在是什么感觉？""我现在想做什么？目的是什么？""我现在想达到什么样的状态？"等问题，你可以将自己的意识与他人分离（建立更加稳固的"自我轴"）。

你不必急于求成，孜孜不倦地去寻求各种答案，向自己询问上述问题的过程也就是"自我轴"不断确立的过程。

认真对待向自己提出的这些问题，也是一场与心灵开展的对话，你将能够听到自己心灵的真实声音，做到与心相通。

与心相通可以提升自己内心的安全感，如果你已经得出了答案，则只需"接受"。不要否认，以"没错，是这样"的态度给予认可，如果抱有"聆听好朋友倾诉"的心态，你会做得更好。

"我现在的感觉到底是什么？"

"我感觉 A 得到了身边人的更多称赞，这让我感到很痛苦，我甚至会否定自己，总认为自己做得不够好。"

"没错，我感觉自己很可怜，我又开始否定自己了。"

"我现在想做的事情是什么？我的目的是什么？"

"我不想再和 A 比较了，我也想得到称赞，我也在努力着。"

"确实如此，我也在努力，我希望得到他人的称赞。"

"我想成为的自己，应该拥有怎样的状态？"

"我想让自己过得更加轻松，我讨厌将自己与某人进行比较时感到沮丧的状态,我想成为我自己。"

"确实如此,我想做我自己,我想让自己过得更轻松。"

在这个过程中,关键是要清楚地意识到"我"是重点。这点很重要,如果不能脱离"他人轴",话题的主体很快就会变成"A"。

只要主语明确,即便你感觉消极或者有负面情绪,也没有关系。

但切忌对自己的思想展开批判性的思考,要学会倾听自己内心的声音,并随声附和"嗯,是的,没错",这就足够了。

练习

请尝试在"我是我,××是××"的"××"中填入具体的人名,我建议尽可能选择与自己关系亲近的人。另外,这个"××"不仅可以是某一个人,金钱和公司等事物也同样适用。

消除罪恶感最好的方式是宽恕自己

当作为心理咨询师倾听客户讲述并认为"对方对自己过于严格"时，我首先想到的导致客户陷入该状态的原因是"罪恶感"。

你可能也会常常提及"罪恶感"这个词，但心理学中的罪恶感具有更广泛的含义。

一般来说，当我们"伤害了某人""给某人带来了麻烦"或"打扰了某人"时，都会产生罪恶感。我们通常会称之为"罪恶感"，但也可以说是"加害者的心理"。除此之外，罪恶感还包含以下几种类型。

想帮助别人却无能为力，因为自己未能发挥作用而产生的"无力感"。

因为自己放弃、忽略某人或某事物而不自觉泛起的"无所作为的罪恶感"。

"因得到恩惠而产生的罪恶感"，为自己独享美好而感到抱歉。

"感觉自己就像是一颗毒瘤"，认为自己已经被污染，不应该再伤害别人。

> 罪恶感会让人形成"自己是一个坏人，所以必须受到惩罚"的观念。因此，一旦产生罪恶感，我们会极力阻止自己获得幸福。

这就好像是我们在努力变得不幸福。此外，深入潜意识的罪恶感时常会引发自我惩罚（伤害）的行为，甚至可以说是自我摧毁，但我们却无法认识到罪恶感正是导致这一切的根源所在。

我们的罪恶感越强，受到的惩罚就越严重。

换句话说，就是对自己要求越严格，受到的伤害就越重。

我们会把自己当作罪人，要求自己"不能玩、不能休息，要像奴隶一样不停地劳作，不能享受自由"，总之，罪恶感会不断伤害我们自己。

所以，如果在读过本节中有关罪恶感的内容后感到沮丧，你就可以判定，你对自己过于严格的原因之一就是心怀罪恶感。

如果可以真正宽恕自己，你就能消除自己内心积累的罪恶感。

然而，即使别人建议"宽恕自己"，也有很多人认为自己不应该被原谅，他们甚至还会觉得必须给予自己更加严厉的惩罚，让自己产生痛苦或不适。

所以，我想和你分享一些可以让我们摆脱罪恶感并且宽恕自己的方法。罪恶感主要分为"自己知道对谁有罪恶感"和"原因不明的罪恶感"这两种情况，后者往往更加隐秘。

首先，当罪恶感的对象明确时，我们有可能是"加害者"的角色，也有可能是产生了无力感，或是无所作为的罪恶感。

① 写一封表示歉意或谢意的信件

我经常在心理辅导期间或布置家庭作业时要求对方写一

封不会发送的信件，这是让大家坦诚面对自己及让自己内心直面对方的一种有效方式。

你可以给让自己感觉有罪恶感的人写一封道歉信。这是一封不会寄出的信，所以，无论写什么都没有关系，你可以一遍又一遍地写下自己脑海中浮现的词汇。

写完这封道歉信，接下来还要写一封感谢信。从心理学角度出发，感谢信的难度更大，所以，写这封感谢信的前提是道歉信已经让你在某种程度上感到神清气爽。

感谢信中出现什么内容都没有关系，长短也无所谓，你只需要逐一表达自己对于对方的感激之情。"感恩"即"宽恕"，这就是为什么当你重复感激之词时可以消除自己的罪恶感。

如果可能的话，道歉信和感谢信应该每周写一次，并持续 1~2 个月（4~8 次），这样你会更有效地了解自我感受的变化。道歉信和感谢信的书写将消耗大量能量并且需要时间，因此，安排在假期等时段去做可能会更好。

为了抚平自己对父母和丈夫的罪恶感，我的一位客户曾入住大阪市内的酒店，参加为时 2 天 1 晚的集训。她说，在畅快倾吐心中想法后，不自觉地就进入了梦乡。在办理退房时，感觉自己的心态放松了许多，就连自己所看到的这个世界仿佛也发生了变化，这让她非常兴奋，觉得真是不可思议。

其次，当罪恶感原因不明时，可能是一种因得到恩惠而产生的罪恶感，也有可能缘于认为自己是一颗"毒瘤"的观念。

②在神社等场所双手合十参拜

神社是让内心罪恶感得到淡忘的好去处，无论是家附近还是工作场所附近的神社，都没有问题。

在那里，你可以双手合十，坦白并且请求神灵协助处理自己无论如何都无法抚平的罪恶感。

③想象自己的心灵在洗澡时得到净化

想象一下，当你洗澡时，热水冲刷了你心中的罪恶感，和水一起流进了下水道。

通过想象每天洗澡时罪恶感从身体流到排水沟的场景，可以轻松消除潜意识中的罪恶感。

坚持一段时间，你会发现自己的心情最近感觉很轻松，周围的人也会指出"你的面部表情变得更加明朗了"。

④ 每天写一封感谢信

感谢信再次登场，但是，在这里，我希望你能给自己脑海中突然浮现的某人写一封感谢信，比如照顾你的人、和你在一起的人，或者爱你的人，每天给同一个人写信也没关系。

毕竟"感恩"即"宽恕"，如果每天写一封感谢信，你会感觉心情更轻松、更明朗，有的客户说每天写一封感谢信已经让自己的紧张感或者肩膀僵硬等状况有所缓解。

这里的感谢信同样以不必寄出为前提，但是，写的过程中应该尽可能地想象这封信要交给收信人本人阅读，这样会更有效。

基于个人直观感受，如果你想把这封信交由收信人本人阅读，就请贴上邮票，尝试把它寄出去。在这个互联网成为主流的时代，手写信件显得更有意义，可以帮助你建立良好的人际关系。

练习

选择一位已经建立良好关系但希望跟他关系更进一步的人，给他写一封感谢信，不要选择让自己有罪恶感的人。

保持"这便是现在的我"的心态就很好

在这章中，我提出了通过"没办法"这样的口头禅接受自我感受的建议，但我也会将其用作"接受当下的自我"的表达。

接受当下的自我与提升自我肯定感息息相关，并且可以改变对自己要求过于严格的态度。

有没有什么事情是你自己不擅长，但别人却可以轻松做到的？在这种情况下，你会对自己采取什么态度？你是否会采取对自己过于严格的态度指出自己的不足呢？

事实上，这时，你可以勇敢地说："没办法，这便是现在的我。"

假设你今天曾试图在和男朋友相处时控制好自己的情绪，但他的态度十分糟糕，为此，你忍不住大发脾气。这时，你感觉如何？你对此有何看法？事实上，你可以尝试说，"那就是现在的我，他不喜欢也没办法""我很容易感到焦虑不安，而且我的确因为他今天的态度而感到生气。这就是现在的我，没有办法改变"。

假设周围的人因为担心你而问道："你可以吗？工作量很大，你确定可以完成吗？"可你却逞强地说道："完全没问题，这对我来说简直是小菜一碟。"你是否会在事后后悔："我根本就不行，我应该寻求帮助的。"其实，在这种情况下，你应该告诉自己："这就是现在的我，他们不喜欢也没有办法。"

当你读到不应与他人比较并且发自内心地对该观点表示赞同，是否还会因为将自己与朋友比较而感到沮丧？如果是这种情况，你也可以尝试原谅自己："没办法，这就是现在的我。"

假设你已经决定"今天要好好写手稿"，但实际却沉浸于观看视频之中，以至于根本无法按照原计划开展工作，这时，你会怎么做呢？直到现在，我在面对这种情况时都会后悔莫及地喃喃自语道："唉，我又浪费了一些时间。"事实上，这时我们只需要肯定地说："没办法，这就是现在的我。"（这是我在写这篇手稿时的真实经历。）

除上述事例外，在所有其他情况下，我们都应该用"没办法，这就是现在的我"的态度接受并原谅自己。

但是，苛求自己的人，必定处于紧张的心理状态之中，并且会认为"我是不是太惯着自己了？""将错就错好像不太好吧……""如果就这样原谅自己，那我可能会变得更加糟糕""我好像表现得太自大了，大家会不喜欢我的"等。

是的，那便是对自己过于严格的证据。

苛求自己的人通常会认为"有依赖心理不好""为了成长，必须严格要求自己""将错就错并不好""如果不严于律己，自己将一无是处"，然而，"没办法，这就是现在的我"，这句话只不过是一种接受当下自我的态度。

认清并接纳自己的"现况"是一种积极行动，不接纳甚至否认现在的自我意味着否定"自己的现况"。

假设某日下午我要在东京举办一场研讨会，但上午9点我才在大阪的家中醒来。

那一刻，我很焦急地说道："完了，我睡过头了！我要迟到了！"

如果我否认当时的真实情况并且说道"不，这不是大阪，这是东京的一家酒店"，情况会如何呢？如果我否认自己并且说道"为什么睡过头了？上闹钟了吗"，之后再继续进行为时一个小时的一人反省会，事态走向又会如何呢？

虽然我不想承认，可是这就是现实，如果我不接受自己实际身在大阪并且睡过了头的现况，将会为众多研讨会参与者造成困扰。

事实上，即使上午9点才在大阪的家中醒来，只要我加急准备并以最快的速度搭乘新干线，也可以在下午到达研讨会举办地神乐坂。因此，与其进行一人反省会，倒不如尽快准备，尽早出门。

自我肯定感很重要的原因是它可以让我们了解并接受"自己的现况（即自己当前所处的位置）"。如果我们知道自己当前的位置，就可以确定到达目的地的最佳路线并思考自己应如何采取行动。

通过接受自己本来的样子，承认"自己无法做到周围人很轻松就可以做到的事情"，我们可以针对"自己为此可以做些什么？"而设定目标，并且开始着手行动。

当我们无法轻松做到时，可以将"做到"设定为目标；当然，你也可以将目标设定为"接受自己无法做到这一事实，并且求助于他人"。

所以，你一定要首先以"没办法，这就是现在的我"的态度接受自己。

之后，你将能够选择自己可以采取的行动，比如，"应该怎么做？应该去哪里？"

练习

请找出你认为的自己的不足之处，并以"没办法，这就是现在的我"的态度接受它。

第四章

爱自己是通往
幸福的最佳路径

放弃改正缺点

　　你曾多少次试图去改正自己的缺点？又真正改正了多少呢？也许你最近一直在努力弥补自己的缺陷，但进展又如何呢？

　　你不觉得自己身上有很多缺点是无法改正的吗？尤其是成人之后形成的缺点。

　　你是否会因为不喜欢不善家居整理的自己而决定把拿出来的东西用完后物归原位？可即使自己做出了决定并把标语贴在了厨房的墙壁上，你是否也会在几天之后不想再看到它？

　　你是否会认为没有时间观念的自己很招人讨厌？可即使自己为了严格遵守时间而付出努力，你是否仍然会迟到并且因此而陷入更加强烈的自我厌恶，指责自己"为什么不能严格按照时间采取行动"？

　　你有没有因为在工作中犯了很多小错误而试图养成仔细检查文件的习惯？可即使如此，你是否仍然会在实际操作过程中忘记为自己制定的规则，不仅领导对此抱有不满，就连自己都会讨厌自己，甚至产生厌倦心理？

　　你有没有因为自己情绪不稳定而想要更加成熟稳重地待人处事？可即使如此，你是否仍然会因为一点点挫败感而认为"自己十分差劲"并且因此而感到难过？

　　对自己要求过于严格的人，会像"魔鬼教官"一样指出自己认为的缺点，要求自己进行反思并做出改正。

　　但是，只关注自己的缺点并不可取。如果总是将注意力集中于自己的缺点，你将无法看到自己的长处，甚至认为"自己没有任何优点"。

　　另外，你所认为的缺点可能并非自己有意为之。

　　当我们注意到时，房间里已经变得乱七八糟，约定的时间不知不觉就过去了，即使认为自己已经做得很好却仍然存在错误，即使已经下定决心要平静而稳重地待人处事却仍然会忍不住生气……没有办法，每个人身上都有无法改正的缺点。

这就是为什么我经常建议"放弃改正缺点"，这是号召大家以积极心态对待"放弃"的建议，也是提高自我肯定感的一个方法。

对自己要求极为严苛的人通常会持有强烈的"应该××"的观念，树立"应该××"的目标，会与他人比较并陷入"身边的人都能做到××"的思维怪圈，希望自己成为没有缺点的完美之人。

这就是为什么我会建议大家接受自己原本的状态，这样才能走出当下的焦虑，过上轻松、自在的生活。

不仅仅是缺点，这种"放弃"的建议对任何情况都有效，如，固执己见、与某人竞争、逞强努力等。

如果从"做自己力所能及的事，放弃自己做不到的事"

出发，可能会更加容易理解。这与下一节中的"懒人建议"
存在异曲同工之处，两者都可以让人感觉舒适、放松。

重要的是你应该遵从自己的内心，放弃"这对我来说很
难、我不想做、我不喜欢、我做不到"的事，同时，也要坚
持自己想做的、喜欢的、想要积极面对的、想付诸努力的事。

换句话说，就是诚实面对自己的内心，这是对自己友好、
真正做到自我关怀的一种非常有效的方式。

如果你可以自然地告诉自己"有必要这么努力吗？既然
这样，为什么不放弃呢？反正你也不想做"，那才算是达到了
最为理想的生活状态。

请尝试在日常生活中放弃某一事物。

让忙碌的大脑平静下来

　　我曾对一个客户说道："你真的从事了一份很艰苦的工作啊！"而她却一脸茫然地说："不，我工作一点都不忙，很少加班，也很少在休息日出勤，反而可以自由地居家办公。"

　　我告诉她："不，我指的是你的大脑。"之后，我又对她说了这样一段话："确实，你的实际工作时长可能很短，但大脑却总是处于忙碌的状态。下班回家后，你还要一边反省当天的工作一边做家务，关键是你似乎各方面都做得非常好，这一定会让你的心灵不得闲暇吧？"

　　之后，她又说道："这么说的话，我的确总是在想一些事

情，并且一直忙于自己应该做的事情，比如说，我会觉得‘我
必须那样做，我还没有做这个’。"

对自己要求太苛刻的人，不管是否采取实际行动，大脑
都会长时间处于紧张状态，一直思考问题。

他们会想：我必须先做这个，然后做那个，之后再做
那个……

他们还会时常反省并告诫自己道"这样的自己十分差劲，
必须更加努力""自己没有做到那个，也没有完成这个"，让
大脑一直处于十分忙碌的状态。

除了从早到晚工作的人之外，像我的那位客户一样，大
脑得不到休息，每天都不停思考的人也可以说是从事了一份
艰苦的工作。

"忙"从汉字构成来看可以分解为"心""亡"，
即无法面对自己的感情、无法与心灵互动、无法照顾
自己、无法放松或休息的状态。

这是一种总是被思想支配的生活方式，是一种失魂落魄

的状态。

对自己要求太苛刻的人，总是在试图严密地监视和控制自己，所以，有很多人都处于"心亡"的状态。

此外，许多人都因为长年的习惯而难以注意到自己身上所存在的问题。

但是，即使在实际生活中要从早到晚工作，也仍然有人善于享乐且做事有张有弛，他们同样可以获得满足感和成就感。（但是，工作时间过长，有时也会引发家庭关系问题。）

换句话说，"忙碌"的状态并非由客观工作量或时间决定，而是取决于我们的大脑。

因此，对于头脑忙碌的人，我会提出"懒人"建议，即尝试懒惰、适时采取不认真的行动，原谅自己的"狡猾"。

因为对自己要求太苛刻而导致大脑忙碌的人，自然不擅长偷懒。

有些人即便产生了"我想再悠闲一点""我想好好休息""我想多照顾自己"等想法，也总是无法付诸实践。

就像有人说"我坐在沙发上，打算喝点茶休息一下，但当我意识到时，发现自己脑子里想的全都是工作"。的确，因为对自己要求过严而不想打扰别人、处处追求完美的人，总是处于紧张的状态，所以，不太会放松自己。

如果你恰好也是这样，不妨做出以下尝试：

"明天的事情放到明天再去做。"

"能让别人去做的事情，就留给别人。"

"做一个小实验，在一天之内有意识地怠惰大约30分钟。"

"将某一天设定为奢侈日，享用一些美味的甜品和酒品。"

"索性将今天设定为懒人日，从早上就开始享用蛋糕和葡萄酒。"

"自主进行每周一次的早退宣传运动。"

"居家办公时，尝试在没有紧急工作时午睡、散步、体验城市的日间生活。"

"每周为身为家长的自己安排一天假期。"

……

学会做一个"懒人"（不认真）的建议也许会让你感到奇怪，但是，如果没有这样的意识，你可能永远都是一个"无法爱自己的人"。

对自己要求太苛刻的人，总是因为偷懒而自责。

因此，按照自己的意愿做出休息的决定是非常重要的。例如，"我决定今天是懒人日""我决定本周四是妈妈假期"等。

根据自己的自由意志做出决定和选择，可以有效减少自我责备。如果你能在此基础上获得舒适感，那将是最为理想的生活状态。

这就是为什么因为日常的疲劳和压力而"什么都不做，无所事事"的人在按照自己的意愿决定"今天是放松日"后会感觉更好。定期设置让自己懒惰、放松的时间，你将能够形成"只要坚持到星期四就可以"的观念，缓解平日里的紧张情绪。

此外，假设将星期四设定为懒人日，你同样也可以在其他时间做到不勉强自己。

一人独居还好，如果有家人同住，你可能很难将某一天设定为懒人日。

在这种情况下，为了自己和家人，你需要具备强行突破的勇气，但心存顾虑、难以立即执行的人不必一整天都处于怠惰状态，可以先尝试在几个小时之内成为一个懒人。我相信，即便时间有限，你责备自己的状况也能有所改善。

当以这种方式反复成为一个"懒人"时，你会感觉自己已经逐渐做到了思想放松，精神压力也同样能够得到缓解。

练习

　　设定"懒人日"并付诸实践，注意要自行确定时间和度过方式。

把自己必须做的事情
视作"不必做"的事情

你可以尝试回顾一下今天发生了什么事情，当然，昨天的也没关系。

在尝试回顾这一天的过程中，请你回忆"让自己快乐的事情"，你能想到多少呢？

回答"想不到让自己快乐的事情"的人，可能是无视自己内心的声音，过度努力了。

对自己要求过于严格、将自己囚禁于义务感、采取"他人轴"生活方式的人，即便将注意力转向自己的感受，也会很在意别人的目光。

即使自己内心发出"唉，不，我不想这样做"的声音，他们还是会选择无视，或者严厉地对内心说道："不管你怎么说，我一定要这么做！"

在这种情况下，我们最好养成在做任何事情之前询问自己"你快乐吗？"的习惯。比如"那会让你感到快乐吗？""你那么做会开心吗？""那是你想做的吗？"

当然，日常生活中，能让对自己要求过于严格的人感到开心、快乐、高兴并想做的事情并不多。

对于他们而言，必须做的事情应该更多，而我也无法让每个人都只做自己喜欢的事或只做让自己心满意足的事。

我的目的只是让每一个人都可以确认自己的感受，比如，"那会让你感到快乐吗？""不，我一点也不快乐。相反，我实际并不想这样做"。

我希望你养成确认自己感受的习惯，这也是一场自己与内心的对话。

如果一个对自己要求过于严格的人能善于向自己发问，

他将会对自己做的事情和自己真实的感受有明确的认知，甚至还会发现"我为什么做了这么多让自己感到痛苦的事情"。

自我发问非常重要，它会创造一种"问题意识"，让我们觉得自己需要为此做点什么。

如此一来，你也许会发现，直到现在，自己一直在做"不喜欢的事情"，并且让自己变得更加痛苦。

任何人都不愿意感受痛苦，心中不想做让自己感觉不快的事情的想法越是强烈，就越容易成为一个做自己喜欢和让自己开心的事情、不做让自己感觉痛苦的事情的人。

所以，只要询问自己"那会让你感到快乐吗？"就足以改变自己。

但请你不要在读完以上内容后就只是发表共鸣"我确定我也是这样的，我总是在做自己不喜欢的事情"，而不采取任何行动。

实践出真知，人不会仅仅通过头脑的理解来改变任何事情，仅仅"知道"并不能真正改变自己。

事实上，时刻询问自己"那会让你感到快乐吗？"是非常困难的，人们普遍习惯性地做"不喜欢的事情"，除此之外，不会再做任何考虑。

所以，你可以尝试像本节开头部分介绍的那样，从回顾这一天开始做起，不必刻意去做，只要在想起来时大胆尝试就足够了。这是一个重新确认的过程，但同时也会因为你的真实感受而为自己带来巨大的变化。

练习

　　回顾这一天，列出你快乐地或者不快乐地做了什么事情。

做自己必须做的事情是
"恭维自己的机会"

　　如果你已经可以询问自己"是否真的快乐",接下来,你可以再尝试问自己一个能够具体改变行为的问题。

　　那就是:"这真的是必须要做的事情吗?"也许你只是在头脑中认为自己必须做,但实际要做的并不多。

　　一份可视化的每日日程,就足以让你意识到实际存在的问题。

　　即便是自己认为必须做的事情,应该也有很多可以交由他人去做或者更改行动日期。

　　精简一天的计划会为自己创造比想象中更加充裕的时间,

你只要动手记录一天的详细日程就可以实际感受到这一点。所以，请你务必尝试一下。

我的一位客户在日本政府发布紧急事态宣言后开始居家办公，结果因为日程安排混乱导致自己根本无法全身心投入工作。

她工作能力强且原本就承担了艰巨的工作任务，但是，居家办公以来，工作却总是迟迟没有进展。

所以，她决定每天早晨要做的第一件事就是制订当天的详细计划。在日程表中，她不仅会写下工作的具体内容（企划制作、会议、事务处理等），还会将"午餐""休息""超市购物""整理衣物"等日常生活项目涵盖在内。

仔细考虑过后，她发现计划中有很多自己不必做的事情、不必在今天做的事情，以及实际上不必急于去做的事情。

她意识到自己可能一直在努力做一些不必做的事情，而当在日程表上只写出真正要做的事情后，她发现按照调整后的日程表度过一天似乎不存在任何困难。

我还有位客户是家庭主妇，她每天都忙于家务、育儿和兼职工作。身为全职主妇，她从早到晚都在不停地做事，好不容易想要忙里偷闲，却发现一天已经结束了。她总是忙得不可开交，认为自己必须做这个，下一件事做那个，某件事还没有做。

因为新冠肺炎疫情，她变得比以往任何时候都更加忙碌，脾气也越来越暴躁，会更加频繁地对丈夫和孩子发火。

我让她详细写下了一天的日程，并且问道："那些事情到底是不是你必须要做的？"

作为一个照顾家人的角色，她曾认为一切似乎都是"自己必须做的"。但是，在心理辅导的过程中以客观角度进行确认时，她却发现并且列举出了很多并非自己必须做的事情，同时还发表感言道："可能这些事情并不是必须要做的，只不过是我自己认为不得不做。"

有关"接送孩子上课"这个问题就是其中一个典型。孩子上课的地方就在公寓附近，住在同一所公寓的其他玩伴也会一起去上课，而且她的孩子已经上小学四年级了，考虑过后，她终于说服了自己，认为其实自己不接送孩子上下课也完全没有问题。

她在看着自己亲自列出的日程单时意识到，"感觉就像是自己造成了看似忙碌的状态"，然而，的确还有"一些事需要自己做"。

就算再不愿意做家务，如果在垃圾清运当天早上 8 点之前不把垃圾拿出去，房间里就会堆满垃圾；即使不想做饭，可如果真的不按时下厨，孩子们就会因为饥饿而抱怨。

正如我之前所提到的，无论是在工作中还是在家里，都有很多"心里不开心，但又不得不做的事情"。有人可能会说："这件事很有趣，但我今天不想这样做。"

这样的情况下我们该怎么办呢？面对此类状况，我建议大家采取以下三种思维方式。

①声明"我今天不想做，所以，我不会做！"并偷懒。

②调整自己的心境，用游戏的心态让自己享受不想做的事情。

③通过做自己不想做的事情来提高自我肯定感。

我曾在"懒人建议"的部分介绍了①的相关内容，所以，下面，我将从②开始做出具体阐述。

首先，我们来解读一下"调整自己的心境，用游戏的心态让自己享受不想做的事情"。要做到这一点，最简单的方法是把自己做某事的过程视作一场与时间的赛跑。比如，"如果能在几分钟内洗完碗，将得到 2 分"或"如果能在上午完成文件的制作，可以在 UberEats^① 点自己最喜欢的午餐"。

尤其是每天都要做的事情，通过记录结果，你或许可以体验到"创造新纪录"的兴奋与感动。

如果能够灵活运用我在前面提到的"可视化"的概念并创建"待办事项列表"，你就会有动力并且积极去做自己不想做的事情。

我通常会给客户提出这样的建议："早上起来应该在白板上写下当天要做的事项清单，结合自己的实际行动，每完成一项，就擦掉一项，这样就可以很好地把控进度，你也会因此而更有动力。"

如果你能把"待办事项清单"做得尽可能详细，在逐一擦掉的过程中，乐趣也会增加。

---

① 一款送餐软件。

接下来，让我们来看一看③。

我认为"必须做的事"基本上都是"不必要的事"。首先，我们认为"必须做"的事情实际上通常都是"不想做的事情"，所以，哪怕只是产生了"必须做"的想法，也会让我们感觉有压力，实际行动后，压力还会进一步增加。

换句话说，认为自己"必须做"某事，将为你的思想带来巨大的负担，所以，你根本不必这样做。

也许你会说"我没有人可以依靠，而且我今天必须做，这是我的工作"，这时，你首先要改变自己的心态。

你可以试着去夸奖自己，比如，"我很擅长做自己不需要做的事情，我简直太'伟大'了"；如果有意识地去"表扬做了必须做的事情的自己"，你也会认可自我价值，提升自我肯定感。

因此，我建议大家改变自己的观念，通过做一些自己不想做的事情来提升自我肯定感。

练习

　　写出你今天一天的日程安排，删除"不必做的事"，将"必须做的事"作为提升自我肯定感的机会并称赞付诸行动的自己。

把握好自己的节奏
意味着保持心情良好

在大型贸易公司和广告公司从事销售和策划工作的客户经常会向我抱怨："如果把自己的心情放在首位，我会签到一份大合同还是想出一个好策划？如果大家都是从早到晚一直忙于工作也就算了，可总有一些人经常偷懒，看心情工作。更气人的是，他们还总是能够取得好的成绩。"

事实上，按照他们的说法，努力的人的确会取得好成绩，但真正厉害的人一般都很马虎，或者说是找准了自己的节奏，而他们的人生似乎更有趣、更幸福。

在给家庭主妇等总是很严格地要求自己的人做心理辅导时，我通常会说："与在整洁的房间里吃用健康食材烹制的美味食物相比，妈妈满面笑容且心情良好的状态更能够让孩子健康成长，让丈夫的心境得到治愈。"

如果上面的内容能够引发你的共鸣，你不妨立即尝试调整一下自己的心态。

但我们应该如何轻松、舒适、有效地去工作和做家务呢？

为此，我们要学会掌握自己的节奏。

如果别人要求你随便列出几种调节自己情绪的方式，你能想到多少种？比如吃冰激凌、睡觉、在咖啡馆和朋友聊天、去熟悉的居酒屋①、在 SNS 上发牢骚、在大自然中深呼吸等。

同样的方法并不总是有效，所以，我们最好有很多种可以调节自己情绪的方法。例如，写稿时，如果发现自己注意力下降，我不会强迫自己坐在那里为了寻求灵感而绞尽脑汁，相反，我会站起来进行自我调节。

我通常会冲泡自己平时经常喝的咖啡或令自己欲罢不能

---

① 日本传统的小酒馆，提供酒类和饭菜。

的茶饮、躺在沙发或者靠垫上、到阳台上吹吹风、趁机煮点美味的食物，或者在自家附近散步。

写稿时，我还总喜欢放些音乐，听听自己喜欢的音乐对保持动力很有帮助，我想，应该有很多人都会对此产生共鸣。

对自己要求过于严格的人有很多"一定要××""不要××"的规矩，当被自己制定的规则束缚，且动力开始下降时，我们便会不断鞭策自己，继续努力。

但是，这样会降低我们的工作效率和质量。

因此，我建议大家可以找到更多调整自己心情的方法，并在日常生活中轻松地付诸实践。

你不妨现在就考虑一下"当下的自己如何才能保持好心情"并付诸实践，只有亲身实践，才能感受到快乐，真正体验其中的乐趣。

问题

你现在的心情怎么样？如果要让现在的自己保持心情良好，你会怎么做？

反向施压，
让自己紧张起来

对自己要求过于严格的人，自然总是处于紧张的状态，所以，对于他们来说，即使想要放纵自己，也相当困难。

这种情况下，我建议通过增加紧张感的方式让心情放松下来。

身体也是如此，你可以尝试全身使劲用力，之后再一举松懈，这样可以让自己的身体比之前更加放松。

下面，我将介绍几种放松心情的方法。

① 进行计时比赛

我们可以为工作设定一个时间限制。例如，"5 分钟内完

成这本账簿的计算""3 分钟内把碗洗完""10 分钟内回复 5
个人的邮件"等。

哪怕和工作无关，在放松身体时采用这一方法也同样有
效。例如，你可以测试自己"1 分钟可以做多少个俯卧撑"。

② 对自己施压

对于总是对自己过于严格的人来说，这可能是一种简单
易行的放松心情的小方法。

我们可以使用激怒自己并对自己施压的表达方式，而且
不只是 1 次、2 次，甚至要达到 10 次、20 次。例如，"我一
定要在今天完成这项工作""现在每个人都在关注我"等。

在某些情况下，对自己施压似乎只会适得其反，但"敢
于对自己施压"的意识对于缓解紧张情绪来说是非常重要的。

原本就对自己太苛刻的人往往会"不自觉地"通过语言
对自己施加压力，因此，这种方法对于放松心情十分有效。

你可能会听到自己的内心发出"不必将自己逼至困境"
的呐喊，但当心情放松时，原本给予自己的压力越大，我们
内心的轻松感就越强。

③ "当然是现在啦！"战略

这是曾经的流行语，也是我经常在心理辅导中传达给客户的一种调节心情的有效方式。当客户对当前情况感到不知所措并感觉自己已经接近极限时，我会告诉他现在他可以做的事情，要求他付诸实践。比如：

"心理辅导结束后，请不要回到办公室，而是直接去看海。"

"请你今天不要直接回家，而是在新大阪站乘坐新干线，回老家去看一看。"

"请你现在立即拿出手机，向爸爸表示感谢。"

"回家的路上，请你顺便逛逛百货公司，让店员帮你挑选一身衣服！"

当然，我并不会向所有人都提出这样的要求，但接受心理辅导后最有动力的"现在"，就是改变自己的机会。

我向客户提出的那些要求看似十分极端，但大多数情况下，人人都知道应该这样去做，只是一直没有机会。

你是否也有"明知自己应该做，却迟迟没能做到的事"？当然，这件事不必像上面我所列举的那些案例一样具有一定的挑战性。

　　假设你一直想整理一下自己的衣柜，但又总是无法付诸实践，这时，你不妨坚定地告诉自己："不确定什么时候去做吗？那就现在吧！"

　　你还可以对自己施压，鼓励自己采取行动，如此一来，你不仅可以真正做到整理衣柜，还能从中体会到成就感和充实感，让自己的紧张情绪得到放松，停滞不前的生活也将逐渐充满生机。

练习

　　你现在最想做的事是什么？请合上书，立即将想法付诸实践，检验是不是真的有效果。

把自己的失败当笑话

　　你最近一次开怀大笑是什么时候？孩子一天会笑几百次，但长大后，人们笑的次数大约只有小时候的十分之一，不记得自己上一次开怀大笑是什么时候的情况并不少见。

　　对自己要求过于严格的人一旦犯了错误或遭遇失败，就会猛烈攻击自己，甚至还会拖着因失败而倍感疲惫的身心长久地沉浸在自责中。

　　尤其是在新冠肺炎疫情席卷全球的这段时间里，人们在日常生活中更加紧张，所以，很多人总是感觉疲劳并且有很强烈的倦怠感。

我经常在心理辅导中为客户布置作业。例如，"看 10 集以上的吉本新喜剧"或"每天看喜剧演员的视频"等。

当然，不仅是喜剧艺人，喜剧电影或漫画也能够发挥同样的作用。

> 生活需要笑声，笑是放松和关爱自己最简单、最好的方式，你可以和自己的朋友闲聊并为此而大笑，也可以对自己身边的人进行善意的嘲笑。

我的老师被称为"心理漫谈家"，他是关西人，非常注重"笑"。对于研讨会和心理辅导来说，"笑"是必不可少的（参加研讨会的关西人自然也会希望在此期间找到自己觉得搞笑的事情）。

因此，在自己主办的研讨会上，比起心理学的内容，我会更加认真地思考"如何让参与者发笑"，与会者说出"真的很有趣"比说"我学到了很多"更能让我体会到成就感。

有关"笑"的话题，我将介绍一个能够让自己发笑的进阶方法，即把自己的失败当笑话。

但是，你可能会想"我没有笑的意识""我为人处世太过认真，不擅长跟人开玩笑"，或者"我很无趣，在开玩笑这方面很自卑"等。

还有一位客户曾对我说道："笑声似乎只属于关西地区的人，与我无关。"

当然，我并不是要求大家成为一名喜剧艺人或让自己的朋友开怀大笑。

能够把自己的失败当笑话，证明你的内心有足够的空间且不会因为自己犯下的错误而自责（即能原谅自己），艺人在网络和电视上表演的许多喜剧都是他们自己曾经犯下的错误。如果你仔细而冷静地聆听，便可发现，即使是非常悲惨的经历，也可以变成一个令人发笑的故事。

"人生最大的悲剧也是人生最大的喜剧"，换句话说，一个悲剧终将会变为喜剧。

当然，将人生中最大的悲剧当作笑话是很难的，既然如此，自己为什么不把日常琐碎的失败变成笑点呢？

要把自己的失败当笑话，你首先需要客观理智地看待事物。

对自己要求过于严格的人，在客观看待自己时，自然只会专注于自己的错误。但我还是希望大家能够有意识地停下来，尝试将自己的失败视作"某位艺人的经历"。

这时，你会感觉那段经历变得滑稽可笑，仿佛真的是某位艺人遭遇了失败，而不是自己。

但是，你也许仍然感到内疚，非但不会发笑，反而感受到更多的痛苦。

因此，下一步就需要你想象"一个艺人会如何将失败变为笑点"。这可能看起来很困难，但实际上，只要你敢于想象，就可以轻松达成目标。

换句话说，即使你不能真正把自己的失败当笑话，尝试转变的过程也足以让自己放松。

如果每天都能意识到"笑"的重要性，你将会在日常生活中四处寻找让自己笑的元素。例如，你可能会针对某一事件发出"哦，这很有趣"的评价，也可能会有意识地去发现某位言行奇怪的人，或者会因为猫咪的怪异行为而发笑。

当处于上述状态时，你的笑容应该也会变多，而且会有越来越多发自内心的笑。

　　这说明对自己要求过于严格的你已然销声匿迹，但是，心中那位能够保持愉悦、放松的自己却得到了重生。

　　当你有意识地将自己的失败当笑话时，自我攻击的次数就会大大减少。

　　为此，我建议你尝试将日常生活中的一些失败经历当作笑话。

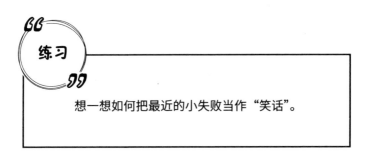

　　　　想一想如何把最近的小失败当作"笑话"。

用消遣的心态
缓解自己的焦虑

拥有消遣的心态是滋润日常生活的秘诀，它可能表现为心有余裕，也可能是一种幽默。但当忙于工作或因培养孩子而身心疲惫时，你可能很难抱有这样的心态。

因此，对于现在正处于上述状态的人来说，下面的内容似乎并不会立即发挥作用。所以，如果你可以在略有空闲时再回过头来阅读本节内容，我将不胜感激。

时尚爱好者在挑选服饰和生活必需品时可能会反复比较、玩味，擅长烹饪的人会精心选择餐具并摆盘，喜欢室内设计的人也会尝试将自己的喜好融入到家居装修中。（我几乎每天都会更新博客，为了不让读者感到厌倦，我会尽量保持内容有趣，以便大家阅读。）

在这里，我希望你能考虑一下，如果要在办公桌或工作场所融入一些趣味性，你会怎么做？

你可以准备一些可爱的文具，采用自己喜欢的风格进行装饰，或者偷偷把自己喜欢的物品放在抽屉里。

我的一位非常喜欢车的客户在他的办公桌上装饰有汽车仪表形状的时钟、车载饮料架和经典汽车形状的笔筒等。也有热爱大自然的人说，他在办公桌上摆放了一个小花盆，栽了稻秧。

对海外风情颇有兴趣的某位夫人，将从跳蚤市场应用程序中淘得的产自海外的瓶子用作了调料盒，用国外的纸币和地铁线路图装饰了厨房墙壁。

消遣的心态意味着在自己的日常生活中投入一些时间和精力，让自己感到些许放松，安心生活又富有乐趣。

我曾在前面的内容中提到过，如果心灵有足够的空间，你会更容易以消遣的心态面对生活，同样，消遣的心态也会为心灵创造更大的空间。比如，孩子可以在没有任何道具的情况下肆意玩耍，无论是在沙场里堆砌土山、在地面用树枝涂鸦，还是不停地围绕柱子转圈，"我想开心玩耍"的愿望是所有行动的基础。

然而，很多人在长大后都逐渐忘记了自己对消遣的渴望。

尤其是对自己要求太苛刻的人，他们当中的很多人都把努力摆在了比享乐更为重要的位置，因此，很难以消遣的心态面对生活。

换句话说，任何人都能通过消遣的心态让自己的生活充满趣味，而无须借助其他。

回家的路上，你可以尝试选择一条不同的路线，顺便逛一逛自己从未去过的商店，或者进入一家自己一直很喜欢的复古风咖啡馆……

你还可以将一些奇怪的图片设置为智能手机待机画面或计算机桌面，以此来增加乐趣。总之，日常生活中到处都有可供我们消遣的空间。

如果有"让今天变得更有趣"或"享受现在"的意识，

你就能以消遣的心态面对生活。

请在没有计划的空闲时间尝试以消遣的心态面对生活。当然，我不认为你会马上想出能够让自己以消遣的心态面对生活的方法。所以，在真正付诸实践之前，你要先去思考。

思考本身就会为我们带来乐趣，为此，我有时也会向大家提出以下建议：

准备一些卡片，分别在每张卡片上写下自己喜欢做的一件事。

制作大约 100 张卡片（使用单词卡片制作即可）。

在没有计划的某日清晨，随机抽取一张卡片，要求自己按照卡片上的内容付诸实践。

如果能真正享受生活，对自己过于严格的状态就会成为过去式，所以，请你现在就尝试迈出第一步吧。

> **练习**

　　请合上书，尝试思考：自己可以在生活中的哪个方面真正做到消遣？通过智能手机等记录自己的想法，并在 24 小时内付诸实践。

表现出自己的"自私"

在心理辅导的过程中，我有时会向对自己要求过于严格的人提出以下问题：

"假设要你现在自私地对待自己的伴侣，你会怎么做？又会说些什么？"

"如果被要求在工作中自私一点，你会怎么做？"

"假设你对周围的人很自私，你会怎么做？"

当然，有些人会立即说出答案，而另一些人则很难表达自己的看法。

对自己要求过于严格的人，虽然对自己来说心中总有一个"魔鬼教官",但是对别人却很宽容。

这样的意识,体现的不仅是一种"自己可以忍受"的牺牲感,更是一种害怕被别人讨厌,不得不宽容他人的强迫心理。

表面上,他们可以圆满地解决任何问题,但心中的不满和愤怒却会不断累积,这就是为什么我会在心理辅导中提出上述问题。

我的一位客户经常被自己无力承担的工作压得喘不过气,我曾向他问道:"如果让你在工作中自私一点,你会怎么做?"

他给我的答案是:"我会大声抗拒道'不要给我安排工作!'并且拒绝接受指派的工作。"

此外,我的客户中还有一位有孩子的全职家庭主妇,不仅孩子,就连丈夫也会在某些方面依靠她,因此,她的生活总是被安排得满满当当,她丝毫没有自己的独立空间。

我向她提出了同样的问题,她说,如果要在生活中变得自私,自己会对家人说:"你们动不动就喊'妈妈,妈妈',实在是太烦人了!怎么就不能自己去尝试着做一下呢?不要只依赖妈妈!"

当然，他们对自己要求过于严格了，所以才会认为"我就是因为缺乏能力才无法胜任工作"或者"我是全职家庭主妇，照顾家人是理所当然的"。

但是，听过他们的讲述后就能发现，其实情况恰恰相反。正是因为拥有较强的工作能力，员工才会在大量工作的堆积之下感到不堪重负；正是因为可靠，全职妈妈才会被家人依赖。

他们并不了解现象背后的本质，因此才总是过分地责备自己。

如果你身边有人举止傲慢或者态度自私，请你改变观念，告诉自己："现在我应该更加自私自利，这正是我从那些人的实际行动中领悟到的真谛。"这种想法会让你在心里给予自己许可。

但是，人很难突然变得以自我为中心，不是吗？

所以，首先，你要努力学习如何在独处时变得"自私"。

对于办公室员工来说，我会要求他们思考如果在回家的路上要以自我为中心行事，他们会做些什么并付诸实践。

此外，我还会要求全职家庭主妇和居家办公人员把休息时间留给自己，允许自己以自我为中心。很多对自己要求过严的人，都不想打扰别人，在现在的人际关系中很难将自私付诸实践，即使是下班时间，他们也不会随意打扰别人。

这就是为什么我会要求大家在自己独处时采取以自我为中心的态度。

对此，你有什么样的想法？

你也许会想"什么都不做，就一直保持无所事事的状态""晚饭就通过 UberEats 点外卖""不做任何家务""在稍微贵一点的店打包食物回家""买平时不会买的价格昂贵的酒""在服装店试穿衣服""去百货商店的地下楼层试吃""从车站乘出租车回家""接受时间长一点的按摩服务"等，但这并非自私或任性，只是有点奢侈，或是对自己的奖励，当然，也可以理解为允许自己什么都不做。但是，对于对自己要求过于严格的人来说，也许只有先建立"自私"或"任性"的意识，才可能允许自己呈现出这样的状态。

有了这种意识，你就会逐渐对他人抱有（对自己而言的）

以自我为中心的态度，发表"自私"的言论。

我前面提到的那位曾因为工作而不堪重负的客户，现在他已经可以在工作量超出自身承受力时说"我恐怕做不到"来拒绝工作指派，但周围的人并没有对他感到失望或者否定他，相反，他似乎成功得到了大家的理解。

此外，那位母亲还收到了孩子们写给自己的可爱的信件，信中写道："妈妈，对不起，一直以来总是依赖着您，我们爱您。"而她的丈夫也开始愿意帮忙做家务了，通过转变，她成功确保了自己的独立空间。

如果能做到"以自我为中心"并尽可能多地尝试实践，你的心就会放松，同时也会对人际关系的构建产生积极影响。

练习

从你阅读本节内容的那一刻起，就是变"自私"的开始，"自私"的你会做些什么呢？

给人带来不便时
表示感谢即可

　　有很多怕给别人带来麻烦并因此而常常独自承担一切的人，我会建议他们将一句话作为自己的座右铭，我也希望那些对自己过于严格、对别人宽容、不希望自己的行为打扰他人或不希望为他人造成困扰的人能够时刻将一句话挂在嘴边。

　　那便是"别太在乎别人的感受"。即便将这句话当作自己的座右铭，也并不会真正打扰到他人，只会让你心情舒畅，因此，你完全不需要有任何担心。

实际上恰恰相反，它还可以帮助自己将过多地为他人带来不便的现状恢复"正常"。

"不得打扰他人"的价值观原本就限制了我们的行动，我们的行动是否真正打扰到了他人，这完全取决于对方，不是吗？

每个人对于相同的事物都有不同的反应，有些人会因为你的言行而感到困扰，而另一些人则不然。

因为什么而感到困扰应该由对方决定，将决定权握在自己手上只会让你畏缩不前。

"不得打扰他人"的信念将为你创造"他人轴"的思维模式，在心理辅导中，我通常会首先承认这种价值观的存在，并在此基础上对为此感到困扰的客户说："人们不可能在完全不打扰他人的情况下生活，尤其是在实现自己的梦想时。既然任何人的言行都有可能为他人带来不便，那我们就应该学会正视这一现象，最好能在为他人造成不便时诚恳地表示感谢、请求对方关照自己或表达歉意，这样将有助于建立良好的人际关系。"

我的一位客户告诉他的妻子，他有一份无论如何都很想从事的工作，为此，想要辞掉现在这份体面、稳定的工作。

　　他曾低下头对妻子说道："我希望你能够原谅我的自私，我找到了自己真正想做的事情并希望能够全力以赴。这可能会给你们带来麻烦，但我还是希望能够得到你的认可，请你相信，我一定会尽力而为的。"

　　起初，他的妻子露出了惊讶的表情，但随即又笑着说道："如果你找到了自己感兴趣的事并希望为之努力，那就尽力而为吧，我同样也会为我们的家庭幸福付出努力。"

　　如果被不得打扰他人的观念所束缚，他可能早就为家人而放弃了自己的梦想，但这真的会让他和家人感到幸福吗？

练习

　　大声说 10 次"别太在乎别人的感受"。如果你心存抵触或者有罪恶感，那便是你需要将这句话铭记于心的最佳证明。

别让自己处于
愤怒的火焰之中

　　许多对自己过于严格的人都有一个共通之处，那便是心存愤怒。

　　当别人告诉你你的内心积攒了很多愤怒时，你会感觉如何？

　　为了严格要求自己，愤怒是必要的，因为愤怒的情绪会给予我们惩罚、痛苦和限制。

　　即使你时常面带微笑，能够在待人处事中做到性情和言语温和不急躁，但你能保证不生自己的气吗？

这是对自己的愤怒，实际上，待自己过于严格的人还会对他人产生愤怒，甚至愤怒程度会更加强烈。

你可能不太愿意接受这个事实，但是，在了解了对自己要求过于严格的人的想法后，我发现他们不但会责备自己"是我自己有问题、是我的错、是我不成熟、是我不好"，还会在心中积累很多对别人的愤怒和不满。

很多对自己要求过于严格的人，都无法原谅对他人抱有愤怒情绪的自己。他们会想："自己都这样了，却还要生别人的气，还有没有点自知之明？""这样去伤害别人，你也太不成熟了。"

但是，愤怒也是自己的感情之一。所以，当你意识到它的存在时，需要慢慢体会，把愤怒的情绪转化为感受。

如果你以否认或隐藏等方式对待，不给予其最基本的认可，反而会长久地在心中积攒愤怒。

此外，愤怒和动力是同一种能量。如果禁止自己产生愤

怒的情绪，你就会失去动力。所以，愤怒是一种非常重要的
生命能量。

　　一个热情有活力的人，不也会经常生气吗？

　　因此，我有时会要求自己的客户向"勇于愤怒"的课题
发起挑战。

　　该课题名为"怨恨书"，我曾在其他书中多次做过介绍，
因此，你可能会有一些了解。

　　首先，你需要准备一个笔记本。普通的笔记本就可以，
当然，即便是用过的笔记本也没有关系，你还可以使用速写
本或复印纸。

　　之后，你可以在上面一吐为快，写下自己内心的愤怒和
其他情绪。

　　但是，有很多人不能立即做到这一点，特别是禁止自己
有愤怒情绪的人。

　　所以，首先，你可以想想自己身边的人，如伴侣、父母、
孩子、同事、领导等；之后，在笔记本上写下自己对于对方
的愤怒和不满。

　　如果可能的话，最好能够通过一些略显夸张的措辞来表达。

你无须把自己写下的内容拿给任何人看，因此，可以使用各种奇怪的词语或电视节目中不能使用的"禁止用语"，在情绪的支配下表达愤怒。

无法原谅自己抱有愤怒情绪的人通常会对这项任务产生强烈的抵触，他们根本写不出任何东西，甚至还会在开始下笔时就产生强烈的罪恶感和厌恶感，无法继续下去。

但他们并不是没有愤怒的情绪，只是禁止自己感受愤怒。

改变是需要时间的，请耐心坚持，慢慢地，你会发现自己逐渐可以表达愤怒。

怨恨书已经被大量的人付诸实践，除了有让人心情舒畅、消散内心阴霾、打开心结等效果外，还有人说他通过这种方式，对他人产生了感激和爱意，让自己拥有了更加良好的人际关系。

此外，它还有许多效果。例如，能够让人清楚地感觉到自己对于某人的情绪并与其保持距离，以及不再勉强自己忍受和自我牺牲等。①

---

① 相关内容可以参考我的博客，或通过"根本裕幸 お恨み帳"（根本裕幸 怨恨书）来搜索。网址：https://nemotohiroyuki.jp/everyday-psychology/15692.

> ## 练习
>
> 　　你可以尝试写一本不会向任何人展示的怨恨书，而不是积攒自己的愤怒。

学会请求他人帮助

　　我有一些问题要问对自己要求过于严格、难以给予自己关爱的你，你是否会认为自己采取行动比向他人寻求帮助能够更快地收获成果？你是否不太擅长依赖他人？你是否会认为不应该要求他人做自己能够做到的事情？你是否已经意识到自己已经达到极限？你是否知道继续保持现状将导致自己陷入十分危险的境况？

　　我将为对自己要求过于严格、不善于依赖他人的你介绍一种学会向他人求助的训练方式，这需要一点努力，不是轻轻松松就可以做到的。

如果你现在正处于隔音效果较好的家中或不必担心被他人听到声音的其他场所，请直接开始练习。如果客观条件不允许，请在嘴边放一个枕头或垫子。

准备就绪后，请尝试腹部用力，并大声喊"救命"。

可能你根本无法在第一次尝试时发出较大的声音，所以，请以更大的声音再次喊出"救命"。

这一次的声音可能还是很小，请你再一次大声喊"救命"。

你是用腹部的力量来发出声音的吗？如果是这样，我敢肯定，除了"救命"之外，你内心的其他情绪一定也已经开始躁动。

你是否已经产生"我感觉太难了！""我做不到！我不喜欢这样！""我无法继续下去！我不想再只身一人独自付出努力！""我感觉很孤独！"等情绪？甚至，你还会流泪或者叹息。

这些都是我的客户在心理辅导中实际发出的呐喊，对自己过于严格的人的词典中通常都会缺少"获得帮助"的词条。

所以，即使超过极限，他们也会一个人尽力而为。

一人独自努力的决定往往缘于"自己做比较快""不能打

扰别人""这么简单的事，我必须一个人完成"等观念，这就是为什么我会要求大家喊"救命"，我只想让你以此来告诉自己，向他人求助并不是不可取。

同时，这也可以调节甚至化解我们心中积聚的情绪。

为什么我们需要情绪释放？通过释放积聚在心中的情绪，你的心中就会有更多的空间。当真正做到心有余裕时，你的心情会变得更轻松，视野会更加开阔，就连自己所看到的事物也会在丰富色彩的渲染下栩栩如生。

情绪影响着我们的生活，情绪的释放会让我们更容易感到欣喜、兴奋、愉快等，这也将促使我们采取新的行动、接受新的价值观、改变自己的观点。

换句话说，对自己要求过严的人，在释放内心的感受时，不仅可以放松心情，而且能够更好地关爱自己、照顾自己，让自己更容易感受到幸福。

你可能已经注意到，在我所提出的这种训练方式中，并没有要求大家针对某一具体问题向他人求助。

我的目的只是让大家允许自己"获得他人的支持"，释放自己的情绪。

情绪的释放类似于我在上一节中提到的怨恨书，多次尝试这项训练，"可以寻求帮助"的观念在你的内心将越来越根深蒂固。在某些情况下，你也许真的能够依赖他人或者向他人寻求帮助。

练习

请你尝试大声喊"救命"，释放自己内心所有的情绪。

适度依赖他人

对自己要求过于严格的人，向来忌讳依赖他人、请求他人的帮助，或者得到他人的关爱。

因此，在很多情况下，即使你尝试允许自己这样做，也总是无法立即付诸实践。

苛求自己的人通常都会坚决否定想要依赖他人的自己，甚至还很抗拒得到他人的关爱。因此，无法做到倚仗他人、向他人寻求帮助也不是没有道理。

为了做到这一点，你首先要允许自己适度依赖他人、请求他人的帮助，或得到他人的关爱。

所以，我希望你能够围绕以下原因展开思考，即我可以依靠他人的原因、我可以向他人提出请求的原因和我应该得到他人关爱的原因。

我可以用我自己的方式围绕上述原因做出阐述，但我还是希望你能够自己思考并且说服自己。

也许你会有截然不同的看法，正因为如此，你可能很容易想出"不该得到他人关爱的原因"等。

但如果你已经成功找到了原因，现在请你找出能够证明其正确性的证据。当然，必须是能够说服自己的证据。

你是否又出现了与要求大相径庭的行为？你可能只收集了"不应该依赖他人的证据"和"不能被他人关爱的证据"。这与我的要求恰恰相反，但我还是希望你能够按照我的要求去做。

如果你已经找到了证据，距离结束就差一步之遥了。

接下来，请你尝试根据证据证明"可以依赖他人"。

请尝试用行动证明证据的真实性，这就需要你必须依赖他人、请求他人的帮助，或者得到他人的关爱。

如果你已经围绕可以依赖他人的原因展开过思考并且找到了证据，那么用行动证明证据正确性的难度也将略有降低。

突然跨过较高的障碍物是很危险的，所以，你最好从自己能做到的事情开始。

让对自己要求过于严格的人思考如何得到他人的关爱似乎有点困难，但是，这也是让自己学会独立解决问题的有效方式。

当然，我会在心理辅导中向客户提供帮助，告诉他们，"比如说，有人会这么想……"，这也是为了让客户给出一个自己可以满意的答案。

这是一项艰巨的任务，但如果你能够在主动思考后得出答案，且对自己给出的答案表示理解与肯定，那你就必须苦笑着接受它，并且付诸实践。

练习

　　请你尝试在时间充裕时思考"自己可以得到他人关爱的原因",给出一个自己能够理解并且满意的答案,如果能做到这一点,你会发现自己不知不觉改变了很多。

幸福是由"误解"创造的

究竟什么是幸福？在本书的结尾，我想聊一聊有关幸福的话题。

你可能已经隐约（甚至是深刻地）意识到，对自己过于严格的人的幸福感是很低的。

我常常听到有人说："大家说我很幸福，而我却没有幸福感。""我觉得自己足够幸运，但并不幸福。"

在这种情况下，我通常会回答道："如果你感知不到幸福，那就是不幸福。"

人生是否幸福，由你自己决定，这不是其他人可以左右的。

幸福，要自己体会。如果内心无法接受，即使用头脑分析并且得出"现在的自己很幸福"的结论，你也会感觉很痛苦。

爱自己是一种幸福。对自己要求过严的人，会追求完美与理想，会不断鞭策现在的自己，尽最大的努力，做最好的自己。

换句话说，他们追求的是"完美的幸福""理想的幸福""尽己所能地去幸福"。

这个世界上真的有这样的幸福存在吗？请你尝试想象自己在日常生活中感到幸福的一些瞬间。例如，"咀嚼美味的甜食时""泡热水澡时""钻进被窝时""和朋友推心置腹聊天时""点燃自己喜欢的篝火时"等。一个人真正放松的状态就是幸福。

放松心情时，我们对自己并不严格，也不会去思考其他事情。哪怕只是回忆令自己感觉幸福的瞬间，你同样也可以感到喜悦、轻松、快乐，并且享受这一刻。你甚至还会发自内心地感慨道："我好幸福！"换句话说，不能爱自己的人，很难放松下来，也很难感觉到幸福。

拥有笑容，享受或品味某些事物，是让自己感受到幸福的有效方式。

是的，你可以更多地爱自己。

做到这一点，你能够提升自己的幸福感，并且感受到前所未有的轻松，当你的思想放松时，自然也就不会在意细节。就好像大脑中紧绷的神经突然得到放松，什么都能包容，不怕被误解，就是让自己什么也不在乎。

但是，如果对自己太苛刻，就不会放下事事在乎的心情。

夸张地说，幸福是一种"误解"。

我们每天都有很多事情要做，烦恼不断，还有焦虑和恐惧，大脑总是充斥着各种需要思考的问题。在这种情况下，为了让自己"不在乎"，你必须要学会"误解"。

"除非能学着去做一个'傻瓜'，否则你不会感到幸福"，也就是说，你应该有意让自己在面对某些事情时变得"愚蠢"，否则将很难放松自己，也难以享受快乐、趣味或者放声大笑。请注意，我所说的"愚蠢"是要你放松自己紧张的神经并学会"误解"。

为了不再过于严格要求自己，并且成为一个幸福的人，你必须学会"愚蠢"和"误解"。

请花一点时间把"过度严于律己的自己"改变为"轻松的自己"。如果能够做到爱自己，让自己放松，心里就会产生一个缺口，虽然自己会变得"愚蠢"，但生活中让你倍感幸福的时刻也会增加。

一个人最好的状态是能一直感受到幸福，可是这通常很难立即做到。

不急，我们可以慢慢来。

在日常生活中，只要从点滴开始做起，幸福的时光就会逐渐增加。届时，你一定会感叹道："我现在很幸福。"

无论如何，我们都要从自己能做到的事情开始，缓慢而坚定地迎接那一天的到来。

"练习"

把自己当作"傻瓜"，只需这简单的一点，就足以让你感到不可思议的快乐、趣味和幸福。